这是个马戏团一样的世界，

一切都是假装的。

不过如果你相信我，

一切都可以变成真的。

推荐序一

引言

第一次遇到河合俊雄，是那年在上海，我们荣格发展小组，请他来做培训，之前我就看过他的一本书，名叫《荣格：灵魂的现实性》（河合俊雄著、赵金贵译，2001）。

看完后感觉很吃惊，这么一本“严谨有序”的书，怎么可能是“河合隼雄”写的？因为河合隼雄的文风，在我印象中，一直是比较飘忽散漫的，据说，他这种文风在日本大受欢迎。

当时，我以为河合隼雄和河合俊雄是同一个人，只是被翻译成不同译名而已。

后来了解到，原来隼雄是俊雄他父亲。

河合隼雄是日本第一个荣格分析师，他组建了京都大学心理学系，又做了日本文化厅的领导。正是由于他，京都大学和东京大学一样，成为日本心理学的重镇。

而且，随着荣格心理学在日本的发展，也进入了大学院校体系，成为主流话语之一。

这和荣格学派在欧美的发展迥乎不同，荣格学派和弗洛伊德学派一样，在欧美都是通过私人执业的精神分析师组建的学院（Institute）进行专业人才培训，本质上它是一个博士后级别的专业培训，受训者大多是工作十年左右，具有精神病学博士学位或临床心理学博士学位的人。

俊雄到上海时一袭白衣，身材瘦削，腰板挺直。

我们学员对他浮想联翩，有的觉得他是白马王子，日本版陈道明，有的觉得他是妈宝男，日本版周杰伦。

他的培训演讲，和他个人一样严谨细致。

然后我又找了他的文章看，这纠正了我对日本同行的偏见，以前我看他父亲的著作，一直觉得非常松散无序，后来发现其实是和介绍不足有关，他父亲也有严谨认真的，符合西方科学心理学研究论文的著作。

而俊雄的著作和文章，几乎全部都是这种科学风的。

包括这本书《当村上春树遇见荣格》，题目看起来似乎是蹭热点的著作。但是实际上是细致输入的文学评论专著。

这本书与其说是对《1Q84》的书评，不如说是对村上春树所有作品的一个心理分析评论。与其说是评论，不如说是把村上春树所有作品当作一个心理学教材来研究。

其着眼点是村上春树作品中，呈现出的三种时代精神状况，河合分别命名为前现代意识、现代意识和后现代意识。

一个作家，在其短短几十年的生命中，居然能够见证三种时代精神，无疑是这一代作家的命运的恩赐和宿命的悲哀。说是恩赐，是因为在历史上，这种丰富多彩的时代精神在短时间内呈现更迭，极其罕见。

比如说《西游记》，它从民间传说到道教修行者参与完成，历时百年才完成，但是历代参与创作者都生活在同一时代精神中，他们所使用的道德话语、创作思想、语言风格，都是相差不远的。

而要在作品中呈现三种时代精神，则意味着此位作家能够把歌德、狄更斯和米兰·昆德拉共冶一炉。

能够达到这种笔力的作家，当然已经超越诺贝尔奖那种老掉牙的现代主义的文学审美标准。

故而，这也是注定悲哀而不可能完成的任务。

偏偏村上春树这种文学天才诞生了，他几乎要完成了这种宏伟任务。

在《1Q84》中，他笔力翻飞，居然把浪漫传说、后现代文体、诗歌、悬疑推理等文体轮番搬运上场。

这无疑也加大了对村上春树作品进行文艺评论的难度。但是这个不可能的任务居然也被俊雄完成了。

这本书非常有深度，不仅仅适合于文学爱好者，更适合于心理咨询师。其中蕴含着俊雄这数十年来在日本进行荣格分析的经验总结和理论构建。

这篇推荐序中，我想与其重复介绍书中的内容，不如介绍一下河合俊雄这个人的思想和背景，这样更加便于读者们消化和深入理解书中的一些思想脉络。

河合俊雄其人与日本精神分析的背景

河合俊雄 1982 年在京都大学硕士毕业，然后去欧洲留学，5 年后在苏黎世大学获得心理学博士学位。

博士毕业后，他继续留在瑞士做临床心理治疗师 3 年，在这期间他用德语工作，之后也发表了一系列德语论文，这也影响到他对黑格尔、海德格尔等德国哲学家与荣格思想的整合。

1990—1995 年，他在日本的甲南大学任副教授一职。之后到京都大学工作、研究，担任教授。

与此同时，他也在荣格创建的国际分析心理学协会（IAAP）担任组织管理工作，并参与组建此协会日本分会，最终，因为他在国际荣格分析学界的杰出工作，在 2016 年被选举担任了 IAAP 主席，这是精神分析历史上第一次有亚洲人担任协会主席。在其他心理学协会，也是比较罕见的。

这和日本分析师几代人的工作有关。日本的精神分析，早在弗洛伊德时代，就开始有人和弗洛伊德交往，开始学习精神分析。

第一代的荣格分析师以河合俊雄的父亲河合隼雄为代表。

隼雄求学美国期间，本来是准备引进美国先进文化和治疗技术的，但是受到他的分析师 Spiegelman 启发，重新回头发扬日本传统文化，根据日本人的民族特性来发展心理治疗，一方面通过箱庭疗法让荣格心理学更加接地气，另外一方面又不断地用荣格心理学来解读发挥传统日本文化的内容，如对日本神话的研究（见《日本的神话与心灵》一书），对日本僧人的梦境研究（见《高山寺的梦僧》一书），结合禅宗十牛图来描绘自性化过程（见《佛教与心理治疗艺术》一书）。

与此同时，隼雄写作了大量的大众普及书籍，并且从政担任了日本文化厅高官，为荣格心理学在日本的扎根打下了坚实的平台基础。从而最终让荣格心理学成为了日本心理学界的主流话语。尤其是具有日本民族文化特色的箱庭疗法，成为了临床心理学界人多势众的协会，每 10 个临床心理学家就有一人是箱庭协会成员。（Kawai, 2006b）

日本同行在引进西方荣格学派的时候，也着重于引进和日本民族性格契合的疗法，比如他们注意到日本人注重诗意和美感，而不是英美人那样的科学至上，所以他们比较重视同样注重美感的 James Hillman 的原型学派，而不是发展学派和经典荣格派。当然他们也注重弥补自己的不足，比如说重视黑格尔逻辑的 Giegerich，也受到了重视。（Giegerich, W., 河合俊雄 & 田中康裕，2013）

在这样的背景下，俊雄作为第二代荣格分析师代表，他的著作和研究，已经不是那么的“本土气息浓厚”。他主要以一种全球历史的视野，来观察日本人性格的历史变迁。

他的学术作品集中于四个方面：1. 研究人类的历史意识，其表现和临床意义；2. 聚焦于村上春树作品的文艺评论；3. 研究一些特殊群体的临床运用，如多动障碍、地震后灾民心理；4. 临床心理学的教材编纂。（河合俊雄，2000，2008，2013，2014；Kawai，2001，2004，2006a，2006b，2006c，2009，2010）

他的理论中，最主要的还是心灵的历史分类说，这里简要介绍一下。

心灵的历史分类学说

他把当代人的精神状态分为三种类型，或者说三种层次，分别是前现代意识、现代意识、后现代意识。

可以从五个方面来了解这三种人格类型或者说心灵形态，分别是本能、主体—客体关系、象征与意义、自我关系与置换、超我界限与超越性彼岸。

前现代意识中本能是和集体紧密连接，本能受到较多的潜抑，主体和客体在集体关系中得到包容，彼此转换和融合，有明确、固定的集体象征和意义，物体是有灵魂的，自我非常的弱小，几乎无自我反思性。超我与自我界限明确，几乎不可跨越，有集体认同的彼岸世界。主要的情绪是羞耻。

而现代意识，被潜抑的本能开始突破，主体和客体有较为明确的界限，个性化自体，自体通过与群体对抗而独立。象征和意义更多是现代性的自由、个性解放等，仍然是比较固定，但是内容和前现代相反，自我比较强大，有强烈的自我反思性，物体只是单纯的无生命的物体。超我和自我可以相互转换，但是几乎没有彼岸世界，而只有此岸的世俗世界。主要情绪是内疚。

到了后现代意识，本能和欲望经常可以根据情境而爆发，主体—客体关系是飘忽不定的，没有恒久性，象征和意义同样是快速变幻，无固定内容。自我飘散出去，便不再回归，也谈不上反思性。梦与现实，此岸与彼岸的关系同样也是暧昧不明的。村上小说中的不少角色，就是比较典型的这种心灵状态。主要情绪是焦虑。

河合俊雄引证历史学家的研究，提出从前现代过渡到现代，欧洲持续了大约2000年，是的，是2000年，从摧毁索尔神的神树，建立基督教权威开始，欧洲就开始了现代化进程。

而日本的演化路径，仅仅花了200多年，而且其前现代意识和象征没有被摧毁。

现代意识的特征是自我意识的树立，相信理性、物质和科学。

随着现代意识的确立，独立性个人必须与包裹自己的家园古国这种集体主义的共同体分离，这样造成了人类的心灵的疏离体验。

现代人要从自然、教会、村落、家族中解放出来，自己和自己发生联系，伴侣关系成为首要关系和核心。

特征之一，脱离共同体，但是实际上，越是想要脱离，越是被紧紧附着，和双亲抗争，是纠葛依赖双亲的。

特征之二，不承认物质具有灵魂，和人类的“我”有共同对等的价值。

这样的现代意识的演化过程还没完成，日本就迎来了新一轮的心灵演化，这就是后现代意识。

后现代意识的特征，首先是大叙事的解体，人的生命变成分散的存在和无法预期的遭遇。后现代意识，是不需要解放和独立的抗争的，一开始就单独一个人生活，不需要与任何人发生关系。主体是任意的，可以交换的，性对象也是可以任意交换的。后现代语境中也没有全然付出的爱和全然身心整合这种必要。

后现代意识的形成，很有可能是被遗忘的前现代意识的爆发，它会以性和暴力的形式突然出现在人类社会中，这是邪教形成的深层次原因。

《1Q84》创作的原始动机之一，就是村上试图理解日本的现代邪教形成的原因。

评论与反思

从历史文化演进的角度来对人格类型进行分类，的确是一个比较有新意的做法。一般来说，我国的心理治疗界，都是采取美国的精神病学和心理动力学标准来进行人格分类，尤其是奥托·康伯格（Otto kemberg）的系统，把人格结构分为精神病性人格组织、边缘性人格组织、神经症性人格组织等类型。

这种美国式分类法当然有其优势，可以较为明确地安排诊断和治疗。但是这种分类方法本身，是建立在现代中心主义的基础上的，就是说，凡是符合现代意识的特征——分离独立的自我，自我反思性，明确的自我和超我界限——都被标定为正常的、成熟的。而前现代、后现代的意识心灵，则被病理化了。

而这种分类方法也或多或少地影响了治疗师们，对个案的心灵进行历史文化共情。比如说，《1Q84》里面的主人公，要是进入治疗室，十有八九会被扣上边缘性人格障碍、不安全依恋等欧美“帽子”。

但是换个角度，我们可以看到，也许他们这样的心灵类型，就是人类历史文化演化的必然结果。

尤其是到了亚洲，日本和中国，在如此短的时间，跑步追赶欧美的现代化进程、城市化进程，当然会出现各种各样千奇百怪的现象。

俊雄把荣格派也看作现代化进程的产物，他提出，荣格学说中，虽然其内容是前现代的，比如说炼金术、道教、易经、瑜伽等，但是荣格学派的结构，却是现代主义的，比如说它提倡独立分化的自我，和自性的连接、整合。

有同行开玩笑说，中国的心理咨询运动，本质上是邪教，或者说民间新兴宗教。这用俊雄的理论来看，其实也可以看成是前现代意识反扑现代化进程。

心理咨询师们现在都处于一种以虚求实的心态，内在是虚的，所以要么从各国文化，要么从中国古代，找到各种精神食物来充饥，包括“现代性”这种说法，本身也是洋食品。这个进程大约还会持续几十年，我们才可能达到颐养天道，自求口实，那种比较有文化自信的状态。

日本的同行，在这些方面有很多经验和教训，值得我们学习，庆幸的是，我们现在已经逐步放弃了盲目追风欧美的倾向，开始更多地和世界各国同行交流。

此书便是一个文化交流的结果。

最后一点，也是值得我们注意的，就是通过文学作品来探索国人的心理。从金庸到莫言，从刘慈欣到玄幻小说，其中都蕴含着国人心理变迁的痕迹，中国同样有非常丰富的文学资源等待我们去挖掘和发现。

李孟潮

精神科医师

参考文献

河合俊雄著，赵金贵译．（2001）．荣格：灵魂的现实性．河北教育出版社．

河合俊雄．（2000）．心理臨床の理論．岩波書店．

河合俊雄．（2008a）．こころにおける身体 / 身体におけるこころ．日本評論社．

河合俊雄．（2008b）．身体病の心理療法（特集 身体に生じる変化と心理学）．Psychology World, 5–8.

河合俊雄 & 田中康裕．（2013）．大人の発達障害の見立てと心理療法．創元社．

河合俊雄 & 赤坂憲雄．（2014）．遠野物語：遭遇と鎮魂．岩波書店．

Giegerich, W., 河合俊雄，北口雄一 & 猪股剛．（2000）．魂と歴史性．日本評論社．

Giegerich, W., 河合俊雄 & 田中康裕．（2013）．Giegerich dream seminar. 創元社．

Kawai, T.Kawai, T.（2001）．'Truth and reality in psychotherapy'. *Harvest*, 47, 35–63.

——（2004）. Postmodern consciousness in the novels of Haruki Murakami. In: *The Cultural Complex*. Ed. T. Singer. London: Routledge, 90 - 101.

——（2006a）. Postmodern Consciousness in Psychotherapy. J. *Anal. Psychol.*, 51（3）:437–450.

——（2006b）. 'Jung in Japanese academy'. In: *Who owns Jung*?, ed. Ann Casement. London: Karnac Books, 5–18.

——（2006c）. 'The experience of the numinous today: from the

novels of Haruki Murakami' . In *The idea of the Numinous: Contemporary Jungian and Psychoanalytic Perspectives*, ed. A. Casement & D. Tacey. London & New York: Routledge, 186–99.

—— (2009). Union and Separation in the Therapy of Pervasive Developmental Disorders and ADHD. J. *Anal. Psychol.*, 54 (5) :659–675.

—— (2010). 'Jungian psychology in Japan: Between mythological world and contemporary consciousness' . In *Cultures and Identities in Transition*, ed. M. Stein & R.A. Jones. London & New York: Routledge, 199 - 208.

推荐序二

步步皆胜景：从村上春树到河合俊雄

细细读完河合俊雄先生的这本《当村上春树遇见荣格》，我立刻像敬重他父亲河合隼雄一样敬重他，并暗自许愿，有如珍藏他父亲的每本著作一样，俊雄先生的作品只要出版我也一定会买来品味。

这本《当村上春树遇见荣格》非常难得，他直接用心理学（主要是精神分析）去集中解读村上春树的作品，整本书围绕着村上春树和荣格这两位关键人物，寸步不离地扎扎实实地对村上春树的作品展开分析，交叉着村上春树的个人经历与作品内容，以及荣格的个人经历和理论观点。

河合俊雄在本书中尤其着重分析了《1Q84》这部长篇小说。几年前，《1Q84》刚出版我就买来读，一开始的时候会感到有些茫然，读到第三本才突然有了一种宏大的异空间的感觉，到最后意犹未尽，总觉得故事还应该继续，还存在很多困惑。

直到后来我读了村上的纪实文学《约定》，才多懂了一些《1Q84》在写什么，想表达什么。日本东京曾经发生过一起和邪教有关的恐怖主义事件，沙林毒气事件，《约定》便是对此事件的记录，包含对受害者、加害者、旁观者的描写和采访，极为难得的多视角记录，书里还有村上跟河合隼雄的对话。

读完《约定》你会发现，这个世界有极致的恶与善，但也有那么一些时刻，善与恶的交界开始变得暧昧不清，这和《1Q84》的很多情节带来的感受很是相似，《1Q84》和《约定》存在很多遥相呼应的地方。

细细品味河合俊雄先生从荣格的理论出发对《1Q84》这个故事的解读、对村上诸多其他作品的分析，以及对村上作为一名作家和作为一个人的比较与分析，又给了我更多启发，我在读这本书之前从未想过还可以这样看那些本已经熟悉的故事。

那些人、那些事，一次又一次在内心恍然大悟地感叹：啊，原来是这样，真的是很有意思呢！

村上春树、荣格、河合隼雄和河合俊雄，四位大家都融汇在这一本《当村上春树遇见荣格》里，真是蔚为大观，精彩纷呈。

我第一次读村上春树是在初中，隐约记得第一本是《挪威的森林》（当时还是带有很多小方框的删减版呢），一读便爱上了村上春树独有的文字风格和故事氛围，于是朝圣般的一本又一本读着他的作品，说不清楚为什么，但就是很爱。

当然，看完这本《当村上春树遇见荣格》后，对曾经疑惑的“为什么”得到了一些答案，我内心很是喜悦，期待同为村上迷的读者们也能得到属于你们的答案。

也正是得缘于村上春树，我第一次知道了河合隼雄，也就是本书作者的父亲。

我在心理学专业学习过程中早就耳闻河合隼雄，但之前没能深入了解。

后来我发现了《村上春树去见河合隼雄》这本书，作为村上迷，自然会买来看一下。顿时好奇作为文学家的村上春树为什么要去见河合隼雄这位心理学家？见了他以后发生了什么？

读完以后便一发不可收拾地爱上了河合隼雄，既出于专业上的喜爱，也出于对河合隼雄这个人的喜爱。

读完了《村上春树去见河合隼雄》，才更加深刻地理解为何村上的作品能如此吸引人。村上本来就天赋异禀，再加上有河合隼雄这样一位杰出心理学家的良师益友（也许俊雄先生也参与他们的对话了吧），高山流水遇知音，村上春树一定因此对这个世界、对人性的理解和解读更为大放异彩。

从此我才知道，河合隼雄是日本最杰出的临床心理学家和心理治疗师之一，也是日本第一位荣格学派精神分析师，所以作为他的儿子，河合俊雄先生对荣格的学习想必是从小就耳濡目染了。

2002 年，河合隼雄受日本首相力邀出任日本文化厅长官（可能是目前为止从政级别最高的心理学家）。2007 年河合隼雄去世后，日本民众曾感慨道："日本再无心理学大师。"——真的是德高望重的心理学前辈。

河合隼雄的作品很多都是非常贴近人的写法，骨子里很专业，但并不显得呆板，读起来就像是一位老人家在面对面和你说话。

河合隼雄和河合俊雄是父子关系，有意思的是，他们很少在书中提到这种关系。

即使在这本《当村上春树遇见荣格》中，河合俊雄先生也始终没有提及与河合隼雄的父子关系，虽然书中一再引用并提到他父亲的作品与观点。

想想也是很有意思，你认真分析研究的对象是自己的父亲和自己父亲的挚友，这样特殊的关系无疑会让解读更有意味，因为在俊雄先生的脑海里，除了河合隼雄、村上春树和荣格的文本之外，还有不少河合隼雄作为父亲的鲜活记忆和听说的或者亲眼所见的作为长辈朋友的村上春树的故事。

我一开始会以为俊雄先生会继承并延续他父亲的写作风格，而让我分外惊喜的是，俊雄先生写出了自己的风格。当然，他的风格同样有着一种让人信服和开悟的力量，这正是所谓的虎父无犬子。

揣摩字里行间的意味，想来河合俊雄先生在现实生活中应该是一位严谨又认真的大学教授，也是一位实实在在地热爱深度思考并且不断去更新整合的人，他的文字和观点透着一股尊重村上春树作品、尊重读者，也尊重身为文化和思想传播者的劲，真是令人欣赏又喜欢呢。

所以，我推荐同为村上迷的大家去读这本《当村上春树遇见荣格》，即便你没有任何心理学背景，也应该朝圣般一字一句地读完这本书，有时间或许还可以再去读一遍书里所提到的村上的作品，主要是《1Q84》这部长篇小说，还有一些中长篇小说，杂文涉及不多。

这会让我们作为村上迷离村上春树更近、更近、更近一些，也是一个多角度走进村上灵魂世界的机会。不仅因为有心理学的加持，也因为河合俊雄和村上春树本身的关系就足够特别。

同时我推荐心理学专业的同行，无论是心理学研究者，还是心理咨询从业者，都可以像期待一道主菜之后的甜点一般读一读这本书（即使不是精神分析理论流派的背景）。

对我而言，因为对人、对这个世界怀有浓烈的好奇心，我投身了心理学的学习和研究。我也很热爱文学，文学其实是一个能近距离通向人类心灵世界的媒介之一，这和心理学研究并探索人类心理和行为的举措有异曲同工之妙。

单纯的心理学著作往往不那么容易理解，也相对枯燥，结合文学故事的心理学专业分析无疑是一个更友好的选择，而且俊雄先生对村上和荣格的再解读无疑是靠谱的。

最后，对大众流行文学感兴趣的朋友也可以细细读下这本书，这会让你从心理学的角度去重新理解为什么全世界各个文化背景下不同性别不同年龄段的人都会不约而同爱上某些故事某种文字风格？还爱得如此无法自拔，如此天长地久……

从村上春树一路走到河合俊雄，真是移步成景，每次都在那跃动的文字中，一次次发现本就属于我们心灵和行为的隽永意味和别样精彩！

曹雪敏

复旦大学社会心理学博士、国家二级心理咨询师、门萨会员

自序

听闻拙作《当村上春树遇见荣格》的简体中文版即将出版，不禁惊喜万分。目前，村上春树的作品已有多个语种译本，这也进一步证明其作品受到了普遍认可。我认为在村上作品的“后现代意识”中，某些看似毫无关联的事物都通过性与暴力联系在一起，这种后现代意识在日本表现得尤为明显，相信很快也会渗透到其他东南亚国家。尤其是中国这个受前现代世界观影响颇深的国家究竟存在着何种程度的后现代意识，一直是我很感兴趣的课题。

村上作品的特点是富于变化且寓意深刻。《1Q84》中描写的成功爱情完全不同于之前的村上作品，因此该作品备受“村上迷”诟病。然而，我认为该作品深入探讨了现实世界与彼岸世界及超越性之间的关系，其思想深度超过以往的村上作品。在本书出版后，村上又相继推出了《无色彩多崎作和他的巡礼年》及《骑士团长杀人事件》两部长篇小说，我从村上世界的发展性及深刻性两个角度为这两部同样备受争议的作品写了书评。如果有机会，我打算将这两篇书评整合到我关于村上研究的第二部作品中。

本书从荣格心理学角度研究村上作品，然而我们绝不能用荣格心理学概念完全套用或还原村上作品。荣格有一句名言是“人在梦境中拥有自己所需要的一切”（《AEON》），这句话只有在充分解读那些含义深刻的故事时方能成立。该方法论接近《华严经》所言“一即一切，一切即一”的境界。从这个角度而言，村上作品很可能开辟出一个深植于东洋文化的全新心理学领域。

河合俊雄

目 录

第五章　神话世界及其幻灭

第六章　超越性的逆转与婚姻的四位一体性

第九章 存在的逆转

第十章 重回故事

第一章

前言——故事与心理学

我们可以从心理学角度来解释村上春树作品中那些不可思议的故事，因为心理学研究的任务就是及时捕捉故事中的另类经历。有些人满足于故事本身，而有些人会对故事的不可思议性耿耿于怀，本书的目的就是尝试解开读者对于村上春树故事的种种疑问。

故事与异世界

村上春树的长篇小说《1Q84》自出版后（BOOK1、BOOK2于2009年5月出版，BOOK3于2010年4月出版）一跃成为史无前例的百万畅销书，该书的影响力甚至超越了文学领域。在当今纸质图书阅读量日趋减少及出版行业不甚景气的背景下，该书的热销具有划时代的意义，它让人们重新认识到故事的巨大力量。

虽然《1Q84》的受欢迎程度实属空前，但它并非村上春树的首部畅销书，其他如《挪威的森林》《奇鸟行状录》等多部长篇小说都很畅销，也引起了巨大的社会反响。那么，人们为何对村上春树作品如此趋之若鹜呢？归结起来，村上春树文学较擅于把握大众口味，其作品避免使用纯文学文体，内容也更加通俗易懂。

诚然，村上春树文学较之所谓的纯文学更具娱乐性与可读性，对此作者曾说过，“我在创作时偶尔会使用娱乐小说的构架，这一点一直备受指摘，但作品内容却是完全非娱乐性的。（中略）我想写的正是我要写的小说。”[1]那么，所谓“完全非娱乐性的内容”到底指什么呢？娱乐小说的外衣包裹着完全非娱乐性的内容以带给读者不同层面的感受，这或许正是村上春树作品广受欢迎的原因所在。

在《1Q84》BOOK1 第一章中有这样的标题——“不要被外表迷惑”。年轻的女主人公青豆搭乘了一辆行驶在首都高速公路上的出租车，而之后发生的大堵车却可能耽误她在宾馆的工作。于是，青豆为了节省时间便按照出租车司机所说顺着消防梯来到了地面。此时，故事发展的空间便由常见的高速公路上的水平移动转换成垂直空间，如此设计显得饶有趣味，同时整个故事的帷幕也由此悄然开启。其中，出租车司机提醒青豆的话语让人印象尤为深刻，“一旦你走下消防梯，之后的所见所闻将不同于往常，我也曾有过类似经历。不过，你千万不要被外表迷惑，因为现实往往只有一个！”（BOOK1，23 页）

就在青豆下车前，司机仍然在提醒她，“无论何时，现实只有一个。”当青豆走下消防梯时，就进入了一个不同于 1984 年的“1Q84 年”异世界。然而，出租车司机反复强调的“唯一性”其实是在暗示着现实的非唯一性或双重性，与其说这句提醒是警告，倒不如说是在引诱。正如在 1Q84 年出现的宗教团体“先驱”的领袖所言，1Q84 世界并非所谓的平行世界，也非梦境或幻想世界。可以说，1Q84 世界也是现实，而现实并非是唯一的。于是，青豆走入了一个异于日常的现实世界，这里能看到的两个月亮也是作者在暗示现实的非唯一性。

村上春树在题为“写作就是醒时做梦”的访谈中说道，“我认为，在我们生活的这个世界周围还存在着若干异度世界。如果你想去一探究竟，仅需‘穿墙而过’就可抵达另一世界。也可以说，人们完全能把自己从现实中解放出来。为此，我一直在作品中做着此类尝试。”[2] 村上春树的作品会通过设定某个通俗易懂的故事而将读者引入另一个世界，就像青豆走下高速公路的消防梯而进入了另外的世界。可以看出，村上春树的故事并非完全按照自然逻辑发展，经常会出现一些错位与空位。

此外，村上春树在访谈中还提到，自己书中的主人公往往都在寻找一些对他们极为重要的东西。就像当时还未出版的《1Q84》中，青豆和天吾彼此寻找的情节就显得尤为重要。不过，这种重要性并不在于寻找的结果而在于寻找的过程，因此故事主人公在故事开始时变成了另一个人。就连村上春树自己也说，“完成小说的自己与开始写小说的自己是完全不同的两个人。”[3] 我相信村上春树的读者也有过类似经历。正是由于作者能在不同维度展现自己的作品，“才得以到达另一深度，并能引起读者的共鸣”[4]。村上春树作品的魅力或许就在于此，他能通过作品让读者不知不觉进入另一世界，同时也悄然改变着读者的视角。

故事与梦境

村上春树经常将人比喻成房子，一楼用来待客、会餐、消遣，二楼是相对私密的个人房间或卧室，而地下室则是“隐秘的异空间”[5]。进入地下室对作者而言意味着构思故事，而对读者而言则意味着阅读故事。也有人将地下室比喻成梦境，的确无论写故事还是读故事都仿佛进入梦境一般，这既源于村上春树作品固有的梦幻性，也源于一些特殊的空间设计，如青豆通过消防梯进入1Q84世界，而《舞！舞！舞！》中停于16楼的电梯则将主人公带入到一个漆黑的、梦境般的异度空间。

读者随之走入这个奇妙空间，并经历了之后的种种故事。我们在做梦时，往往会全盘接受梦中的一切事物，有时在梦中还会对梦境本身的非现实性有所察觉。但大多数情况，我们在做梦时都会将其认定为现实。即便梦中发生死而复生或飞翔于天空等现实中极其荒谬的事，我们也会全盘接受。不过，一旦我们从梦中醒来，就会感到非常不可思议，有时还会因为梦境的非现实性而暗暗地松口气。

有趣的是，村上春树曾对读者如此评价自己的作品，“如果您在阅读时感到酣畅淋漓，而阅读后感到不可思议，那么这种感受是完全正确的。”[6]总之，人在进入梦境或故事中的时候并不会抱有任何疑问，因为从进入的那一刻起个体的视角已经发生了改变。对于村上春树的作品而言，写故事和读故事才是第一要义，因此他对某些文学评论并不认同。不过，人们在阅读之后会自然而然地产生某些疑问，而我们又该如何对待这些疑问呢？

瑞士心理学家卡尔·荣格非常重视此类经历及故事。他在自传中论述“逝去的生命”时曾说过，“即使是现在我也要讲故事——讲那些神话故事（Mythologein）——除此以外别无他法。”[7]荣格通过梦境讲述母亲及朋友去世的场景，并试图在异空间里再次感受到那些逝去的生命。

对于创作故事的执着与热爱是荣格的个人经历中不为人知的一面。荣格的个人经历起于100多年前，直至他去世50年后才在2009年出版的《红书》中首次被披露[8]。书中不仅记录了在第一次世界大战前陷入精神危机的荣格所看到的凄惨景象，还包括他唤醒自我意象并与之对话的过程，同时他还将所见景象以图画加以呈现。值得注意的是，荣格的自我意象是在对自身经历进行忠实叙述的基础上加以个人的心理学注解而构成的双层结构。对荣格而言，自我意象及故事式经历十分重要，荣格对其进行的注解与反思（Reflection）则将其进一步升华为心理学层面的东西。所谓心理学就是通过不断反思经历而使其真正地为我所有。

我们可以从心理学角度来解释村上春树作品中那些不可思议的故事，因为心理学研究的任务就是及时捕捉故事中的另类经历。

有些人满足于故事本身，而有些人会对故事的不可思议性耿耿于怀，本书的目的就是尝试解开读者对于村上春树故事的种种疑问。

不过，心理学研究的目的并不仅限于答疑解惑，对意象及故事进行抽丝剥茧的分析才是心理学研究的重头戏，不过过分拘泥于此不仅会降低个体的积极性，还会导致个体与经历的脱节。因此，只有个体自觉地认识、理解那些另类经历，才能将其真正地融入个体并加以升华。

村上春树与心理学

村上春树将故事比作梦境的手法的确值得玩味。自从弗洛伊德在1900年写就《梦的解析》以来，心理学尤其是深层心理学研究都与梦境有着千丝万缕的联系。诚如弗洛伊德所言，梦是通向潜意识的必由之路。如果故事也具有梦的属性，那么心理学研究尤其是心理治疗方面对梦的解释及相关理论也应同样适用于故事世界及其中事物。因此，荣格派心理分析几乎都以梦境分析为主。

然而，从心理学角度解释村上春树作品会随之产生很多问题，甚至可以说那几乎是不可能的。首先，在村上春树作品中“自我”这一存在并不重要。村上春树作品中的人物几乎都被故事的洪流所逐渐吞没，就连作者本人也在反复强调这一特点。村上春树认为，日本江户时期的小说《雨月物语》对于穿越现实与非现实之间的描写十分自然，而现代小说则妄图通过自然主义与写实主义来强行剥离存在于现代式自我的独立的精神活动[9]。但是，对于个体穿行于不同空间的作品而言，现代式自我并不那么重要。

创立于现代的深层心理学非常重视潜意识，但始终以自我及自我意识为前提来探讨与之对立的潜意识。例如，精神分析中极为重要的“抗拒”一词即指自我对潜意识侵入意识时所表现出的反抗与排斥。用精神分析处理这种对立竞争关系易如反掌，这也是心理治疗的关键。总而言之，重要的并非是潜意识本身，而是纠结在自我与潜意识结点的矛盾与抗拒。然而，很多村上春树作品中的个体在未发生任何矛盾与抗拒时就进入了另一空间或忽然消失不见，对此精神分析就显得束手无策。

此时，村上春树的那个关于房子的比喻或许能派上用场。村上春树在其他访谈中也谈到每个人就像一栋二层小楼，除了客厅、卧室之外还有不为人知的地下室。他甚至认为，“在每个地下室下层还存在另一个不同的地下室。”[10] 村上春树指出，日本现代小说中的现代式自我大多太过表面化，还只停留在地下一层的水平。他认为借用文学手段进行心理学分析即便能捕捉到深层心理学中个体与自我的心理现象，也只是停留在地下一层而无法深入地下二层。目前，这种说法普遍获得了认同。

那么，利用荣格的理论能否准确把握村上春树世界呢？其实，村上春树对于地下二层的隐喻曾直接导致了荣格与弗洛伊德的决裂，因为荣格也做过一个关于房子的梦。1909 年，荣格与弗洛伊德一起前往美国讲学，在旅途中两人对彼此的梦境进行了分析。其中，荣格讲到当他在梦中沿着自家二层小楼不断下行时，所处时代也依次穿越回过去。梦境伊始，荣格身处一个洛可可式的大厅里，虽然他对这个房间很满意，但仍十分想知道楼下的样子。于是，他走下楼梯，来到了 15 至 16 世纪的房间。正当他对此感到不可思议之时，突然发现了通往地下室的石阶。处于罗马时代的地下室让荣格兴致盎然，他仔细观察又发现了地板上的铁环，于是他拉动铁环后看到了通往下一层房间的石梯。他继续往下走，进入了一个低矮的石洞，那里散落着一些象征着原始文明的骨片、陶片，同时荣格还发现了两片中部断裂的人类头盖骨[11]。

由此荣格得出结论：在弗洛伊德所认为的个人潜意识中还存在着如同梦中地下室一样的深层潜意识，这是人类潜意识的普遍状态。虽然多数深层心理学理论无法解释村上春树的“地下二层”，但荣格的理论却可以给出答案。

不过，这里还有一个问题。荣格认为在个人的深层潜意识中存在着层次分明的集体潜意识。虽然此观点局部适用于村上春树的“地下二层”比喻，但与村上春树作品中的世界并不完全吻合。因为村上春树在其他访谈中提到，个体偶然闯入了地下的“隐秘异空间”[12]，而那些空间未必就是层次分明的结构。即便用系统化象征的观点来解释村上春树的空间，也只能说清一些表层含义而无法诠释整个作品内容。正如加藤典洋所言，使用隐喻及象征意义来解读村上春树作品未免显得捉襟见肘[13]。

深入性阅读——村上春树与梦的释义

如果弗洛伊德和荣格都无法很好地解释村上春树作品，那么是否存在一种能解读村上春树故事的心理学方法呢？村上春树曾指出，自己的作品中仍保留着一些日本前现代小说中个体自由穿行于不同空间的情节，这正是现代心理学理论难以充分解释其作品的根本原因。

在此，荣格派心理分析学家沃夫冈·吉格利希（Wolfgang Giegerich）的方法可供参考。虽然现代心理学将重点放在多种潜意识及深层内心方面，但这些终归是从自我及主体的角度来研究潜意识。因为潜意识是在确立了意识的基础上才得以成立。对此，吉格利希的方法是抛弃自我这一角度，转而通过梦境进行内在探究。他的方法也适于研究一些具有前现代特征的梦境及意象[14]。

所谓前现代特征，即指事物表现出来的神话色彩及梦幻色彩。例如古希腊神话中的海神俄刻阿诺斯（Oceanus）实际是一条环绕大陆的河流，古希腊人认为自己生活在俄刻阿诺斯包围的世界中[15]。另外，古日耳曼人也认为自己生活在一条名为“米德加尔特”（Midgard）的巨蟒所盘绕的世界中。仔细想来，那些森林围绕的小村庄不正与此情景相似吗？我们现代人并不认同上述世界观，主张自我意识及主体意识，因为我们早已摆脱了梦境及神话世界的控制，而是习惯从自我及主体的角度来审视整个世界。对此，吉格利希还用到了公园及动物园的隐喻，即在前现代世界里，由森林及动物组成的自然界包围着人类世界与之相反的是，现代人类则需要越过周围的人类世界来遥望自然，类似于公园或动物园的形式[16]。吉格利希姑且不论现代人所主张的自我及主体性，而是从精神层面分析个体被梦境包围时的情景。不过，这种方法论归根结底带有很强的主观性，并不意味着我们也抱有或必须抱有同样的世界观。

不过，我认为上述方法非常适于分析村上春树作品。村上春树曾说过，“无论描写何事，我都必须亲临现场。”[17]这不仅意味着作者必须亲身走进某种意象或故事中，还意味着读者也必须亲身与故事发生某些内在联系，并从心理学角度来探究村上春树故事的深层含义。例如《1Q84》中，当高速公路上的水平移动转换为消防梯上的垂直移动时，主人公所处的空间与现实也发生了变化。此时，主人公青豆不再依靠出租车司机的引导而开始了孤身前行，由此才得以进入另一空间。出租车司机虽然不见了，但那句“无论何时，现实只有一个”的话语却如警示录般多次出现。同时，青豆下车的地方也成为故事空间转换的地标。在故事结尾，青豆和天吾爬上消防梯才得以返回原有空间，他们在高速公路上偶然搭乘的出租车，象征着二人重新返回日常的水平移动轨迹。正是通过这种深入性阅读才能提炼出故事中若干意象的深意，从而真正领悟故事的内在含义。

由于普通心理学通过套用概念和理论来分析事物，因此对梦境的分析仅停留在表层水平，其分析结果也不会超出已有框架。根据做梦者的生活经历及其联想来分析梦境，同样显得毫无新意。与之不同的是，心理治疗将梦境当成一个未知世界，并通过深层解读未知事物而获得新的启发。可以说，心理治疗的意义就在于全盘接受梦境，进而充分认识梦境。

该过程同样适用于研究村上春树故事。如果用已有的心理学概念和理论来分析这些故事，只能给出一些表层解释而缺乏深入性解读。反之，当你走进故事并全盘接受其中的未知事物，就会自然而然地与故事融为一体，并由此引起心理学上的“化学反应”。有些读者试图借助村上春树的生活经历及作者本人的评论来解读其作品，这样反而会大大削弱故事原有的冲击力。正如村上春树本人反复强调的，作为作家的自己与生活中的自己或者说作品与作者是完全不同的两种存在。在此，我将尝试用心理治疗中的梦境分析法来深入解读村上春树作品。

村上春树的每部作品都为我们勾勒出了一个丰富多彩的世界，单独选取一部作品进行解读更利于深入理解其内在含义。在此，我选取了《1Q84》。虽然选用在世作家的作品进行解读存在一定的风险性与不确定性，但《1Q84》不仅是村上春树最新的长篇小说，也标志着其创作水平达到了一个新高度。同时，巨大的销量与广泛的受众群也成为解读该部作品的有利因素。当然，就解读的难易度而言，那些内在整合性较好、完整度较高的中篇或短篇小说或许更加适宜。例如，《斯普特尼克恋人》就构筑了一个极为完整的世界。与之相比，长篇小说所囊括的要素更为庞杂，解读起来也相对困难。不过，这也让整个解读过程更具趣味性。

长篇故事中杂糅着若干不同的小故事，好比大海中的小岛或藏于大空间中的小空间。例如在《奇鸟行状录》中，以间宫中尉所讲的动物园杀戮为引子而插入了若干不同的故事。另外，《1Q84》中的“空气蛹”故事也是此类案例。

《1Q84》的特殊性

在《1Q84》中除了能看到村上春树一贯的文学思想及表现手法外，还能感受到一些新元素。在村上春树作品所创造的异度世界中，总能发生一些不可思议的奇妙事件，就像主人公青豆通过消防梯进入另一世界的情节就很有代表性。同时，《1Q84》的故事脉络要比其他村上春树作品更为清晰，因此得以俘获更多读者并一跃成为史无前例的畅销书。不过，那些村上春树的老粉丝尤其是对《奇鸟行状录》等作品抱有较高评价的文学评论家及思想家则认为该作品稍显怪异，让人不免有遗憾之感。《1Q84》中的不同故事是在不同章节中交替展开的，如BOOK2中的奇数章节是青豆的故事，而偶数章节则是天吾的故事。这样的设计完全不同于普通小说连续叙事的手法，而是通过间隔性叙事使两个故事在现有空间以平行化、碎片化的方式展开。这也是自《世界尽头与冷酷仙境》问世以来，村上春树作品惯用的手法。

早期的村上春树作品多选用第一人称的视角，读者也自然将“我”当成故事的主人公或是作品要表现的自我。然而，村上春树的作品并不重视自我，而是习惯将对方置于场景中心。他谈起《挪威的森林》时曾说道，“直到看了这部同名电影，我才意识到这是一部描写女性的小说。”[18]简而言之，这部小说描写的就是不同女性的多重性格及个性特点。小说的主人公是“我”，而“我”并非故事的主体。关于自己为何用第三人称写小说，村上春树的回答是，“用第三人称可以巧妙解构‘我’的个性。”[19]

两个故事平行推进的设计并非作者的标新立异，而是为了呼应现实个体的碎片化、解离化的状态。在当代，描写同质化世界、全包容型世界以及极具支配力的大型故事单元已不复存在。换而言之，以个人英雄主义为中心的单线式体裁已退出历史舞台。因此，《1Q84》表现出 1984 年与 1Q84 年的两重性。

不过，《1Q84》与同样是两个故事平行推进的《海边的卡夫卡》及《天黑以后》相比，前者中两个故事的联系更容易让人理解。在《1Q84》BOOK3 中，加入了一个长相怪异的恐怖人物——牛河，他受“先驱”委托而监视天吾。此时，小说的三个故事是同时展开的非平行式设计，每个故事都以不同视角描写同一件事，因此整个故事脉络就显得非常清晰。

另外，作者对《1Q84》中出场人物的个人经历的描写也比其他作品更加细致入微。天吾的故事就起于他最早的记忆。个人经历往往会对人物现在的感情及行为产生巨大影响，村上春树对《1Q84》中的人物描写完全不同于之前作品中人物表现出的毫无缘由的怪异举止及暴力倾向。例如，村上春树初涉文坛的作品——《且听风吟》中，“我”与“老鼠”这个重要人物相遇的情节就显得十分唐突而不自然。原文写道，“我第一次见到老鼠是在三年前的春天。那年我们刚上大学，有一次两个人都喝得一塌糊涂，对于我为何会和他在凌晨 4 点多坐上他那辆黑色菲亚特 600，竟然毫无记忆。”另外，《天黑以后》中毫无缘由的暴力式相遇及偶然重合的情节也让人感觉不自然。相比之下，《1Q84》中故事的衔接性及说明性就要胜强许多。

那么，为什么《1Q84》会引起两种完全相反的反响呢？究其原因，就是作品呈现出的解离化特点。对于那些认可含义模糊的碎片化世界的人而言，《1Q84》显得太过平常；而对于那些不太理解村上春树作品的人而言，该书的故事脉络清晰更易于阅读。可以看出，《1Q84》比之村上春树之前的作品的确有了明显变化。

村上春树世界的变迁

由上可知，如果要深度解析《1Q84》，就有必要对之前的村上春树世界及其变化轨迹进行研究。这与分析梦境的范例极为相似，而且荣格派梦境分析法也非常重视系列性、系统性的分析。简而言之，就是通过某个单元或某个情节在不同梦境中的演变来找寻一系列梦境的变化轨迹，以此揭示梦的内在含义及具体内容。这就如同语言一样，只有通过连贯的文字才能明确表达某种意象。小说也是如此，只有探究作品的变迁过程，才能深刻领悟每部作品的深意。

不过，对不同梦境或不同作品的系列性研究有时会影响其研究深度。这种方法没有彻底进入某个梦境或故事中，而仅局限于表层比较。例如，《1Q84》中创作“空气蛹”故事原型的深绘里（“先驱”领袖的亲生女儿）与《奇鸟行状录》中的笠原 May 有些许相似之处。村上春树作品中总会出现一些不可思议的少女，《舞！舞！舞！》中的阿雪也是如此。然而，即便我们反复比较这些看似相像的人物，也很难抓住深绘里的真正内核。因此，表层比较会让人陷入相似故事单元的简单罗列之中。

不过，研究村上春树世界的变迁，尤其是《1Q84》之前的作品风格仍十分必要。我们是为了分析村上春树作品而选择《1Q84》，如果该作品比村上春树的其他作品更具特殊性，那选择本身就有问题。《1Q84》的故事脉络十分清晰，而村上春树之前的作品更注重强调某些空位与错位，就像《天黑以后》中的两个故事看似毫无关联，有时却在意想不到的地方发生交叉。深入阅读《1Q84》的同时，切勿忽略村上春树作品的本质。

故事的个性与两义性

以全面研究村上春树世界为前提来深入阅读《1Q84》时，不禁对作者构筑这个特殊世界的手法倍感兴趣。

村上春树在评论现代小说时曾说过，“当今时代中的现代小说世界已发生了很大变化。”[20]这也暗示出现代自我存在方式的巨大转变。的确，村上春树十分擅于描写当代人的意识形态及生存方式，尤其是当代日本人的生存方式。而且，他的描写不会仅停留在表观的通俗文化层面，而是能深及内核。

然而，说到底村上春树是小说家而非哲学家或心理学家，仅以小说的形式再现当代意识形态及当代世界未免显得千篇一律。即便对其作品进行深入阅读，也不过是类似故事的重复出现，难免让人兴味索然，其作用也只限于为社会学及社会心理学研究提供范例而已。然而，村上春树故事的魅力就在于作品所描述世界的特殊性及独特寓意。有人认为他的作品风格由超然冷漠变得更具亲和力与责任感，但《且听风吟》等早期作品仍具有不可取代的意义，因为这些作品呈现出了当时的世界及意趣。我认为村上春树的每部作品的完成度都很高，比如《挪威的森林》，虽然他在创作初期曾有意将其写成写实主义小说，但作品的后期风格却并未如他所愿。尽管如此，《挪威的森林》仍保有自成一格的世界。这就像心理治疗中将每个梦境都作为新事物来全盘接受一样，我们在阅读时也要认真对待每个故事。

此时，我们还会注意到村上春树故事表现出的两义性。所谓“两义性”不仅指让读者在一个简单故事中与另一空间的事物偶然相遇，还意味着作者通过故事来掩盖那些意欲呈现的真相。或者说，作者是通过展现虚假来隐藏真实，他之所以这样做就是为了避免单独给出答案会导致我们无视或脱离真正的现实问题。

我想村上春树自身也意识到了这种危险性，因此他建议那些对奥姆真理教陈腐故事坚信不疑的教众去验证一下故事本身的真实性。正如那些向萨满教徒传授神意的“巫师”一样，对故事的深入阅读也意味着对故事本身的剖析。

那么，《1Q84》究竟是村上春树世界脱离激进派的通俗化转变，还是希望通过全新的故事情节给出更具启示作用的解决方案，对此我们可以尝试找出答案。

从反论的角度而言，只有真正深入阅读该作品才能达到上述目的。在作品第一章中，出租车司机提醒正要走下消防梯的青豆，“不要被外表迷惑，现实往往只有一个。”尽管如此，青豆还是难免被欺骗以及身处若干现实的境遇。在那里，警察所用的手枪发生了变化，还发生了一些我们从未知晓的事情，就连月亮也变成了两个。作为读者的我们应该先认可这种表现手法，然后全盘接受那些看似不可能的事情。唯有如此，我们才能真正与故事融为一体，并逐渐领会其深意。

下面，就让我们一起走下那段消防梯吧！

第二章

独立倾向与现代意识

在村上春树作品中，关于形成现代意识的内容并不多见。村上春树曾在访谈中多次谈到，他并不认同那些以现代自我及现代意识为主题的文学作品。除了《1Q84》，他没有任何一部作品涉及这一主题。

三种时间性

如前所述，青豆走下消防梯暗示着她将来到一个不同寻常的异度空间。对于普通故事而言，此后的分析完全可以按照故事的推进来进行，然而《1Q84》并没有继续叙述青豆走下消防梯之后的故事，而是在第二章中突然插入了天吾的故事。天吾的故事始于他一岁半时的记忆，并且以闪回的方式呈现出来，如此设计显得颇有深意。由于常人的记忆一般始于三四岁，因此很多人不禁怀疑一岁半的小孩是否真有记忆。由于该作品中的时间性极为复杂多变，所以我们在分析故事前应该先明确一下《1Q84》的时间性特点。

BOOK1、BOOK2 及 BOOK3 分别附有“4 月—6 月”“7 月—9 月”及“10 月—12 月”的副标题，且每部作品描述的正是发生在各自时间段内的故事。尽管《1Q84》中的两个故事是平行推进的，但整个故事构架却基于精确的时间流程。这种手法在《且听风吟》中也有所体现，对此村上春树说过，“书中故事起于 1979 年 8 月 8 日，止于同年的 8 月 26 日，整个过程为 18 天。”[21] 自村上春树的两部作品问世后，他首次推出了具有清晰故事结构的《寻羊冒险记》，其第一章就以“1970/11/25”为题，其他章节也多次使用此类标题。在另一部作品《世界尽头与冷酷仙境》中，更是将世界终结的时间清晰地刻画出来。

不过，对时间描述最为精确的还要属《天黑以后》。由于整个故事的时间跨度集中在一晚，所以在时间设计方面显得极为精准。故事中每个章节的开头都会提示具体时间，精确的时间变化贯穿整部小说。如在第一章开头所描写的表针指向夜里 11 点 56 分，在最后一章中间又有指针指向清晨 7 点 52 分的情节。这些精确到分钟的时间，进一步突显出该作品在描写时间方面的严谨性。由于《天黑以后》中两个平行推进的故事会在意想不到时发生交叉，所以整个故事内容与衔接显得有些天马行空。然而，精确的时间设计避免了故事的碎片化，并将其有效整合成一个有机整体。

心理治疗中有一种方法就是让患者在规定时间内讲述平时难以启齿的事情，这与村上春树作品的时间设计确有异曲同工之妙。《1Q84》的时间跨度是 4 月至 12 月，而 1984 这一特定年份则构成了整部作品中较为稳固的时间框架，也是故事展开的基础。

然而，村上春树故事的时间并非都是精确的前进式设计。《1Q84》对出场人物个人经历的描写极为细致，因此涉及回忆的情节及说明也较多一些。第一章中青豆的故事始于她在高速公路上偶然乘坐的出租车；天吾的故事则始于他一岁半的记忆，因此采取的是倒叙方式。虽然天吾可以向亲人、朋友探听之前的自己，但那段记忆是开启天吾故事的原点，也是他个人时间运行的起点。因此，以回溯方式展开的天吾故事就不同于始于 1984 年的青豆故事。《1Q84》除了时间设计十分精确外，对于所有出场人物的成长轨迹都采用了倒叙的手法。可以说，小说中每个人物的生活经历和记忆都带有明确的时间性。如此一来，所有人物就被限定在准确而单调的时间框架内，仿佛一个个浓缩了时间的小岛。在实际时间不足一小时的过程里，就足以回顾某个人物的漫长人生。天吾的故事始于最初记忆的闪回，在他恢复正常意识之前，标定他之前生活经历的时间仍然在流逝。

《1Q84》除了描写个人生活的经历之外，还包括一些时间跨度更大、历史性更强的内容。有评论认为，由深绘里创作、天吾修改的《空气蛹》故事就是一篇比《1Q84》更具深意的独立故事，该故事甚至能追溯到远古人生活的时代。故事中的少女被人关进仓库，陪伴她的只有一只死山羊，每到夜晚那些“小人儿”便借由山羊的尸体来到此岸世界。这种穿越生死界限而到达彼岸世界的内容绝不可能源于当代人的意识形态。对此，村上春树在访谈中曾多次强调，“在现代日本人的头脑中多少还残存着一些此岸与彼岸相通的意象。”正如真木悠介所言，“古代日本人一直认为白天与黑夜是两个完全不同的世界”[22]，而《空气蛹》正是认可了这种不同于当代的古代的时间性及世界观，并将其融入整个故事中。在《1Q84》中这种古代的时间性一直延续到当代，具体说来就是 1984 年。连接彼岸与此岸的前现代世界及其时间性的具体含义，以及它们与当代世界的关联是研究村上春树作品的重要课题。同时，《空气蛹》的故事背景使得如此大的时间跨度及相应历史性得以成立。

“十岁期”

在确认了《1Q84》中的三种时间性之后，先不要急于从现实性时间角度来阅读故事，而应先关注一下人物个人经历的时间性。很多人都注意到，在《1Q84》中“十岁”这一年龄段被多次提及。[23]在 BOOK2 之前，奇数章是青豆的故事，偶数章是天吾的故事，故事内容是以两个主人公交替登场的方式展开的。但在第六章，两人的故事首次出现了交集。年长于天吾的女友对他说起自己大女儿在学校挨欺负的事，并由此讲起她在小学五年级时曾跟大家一起孤立过一个男孩的事。天吾在此事的触动下，不由得想起了“青豆”这个名字以及跟她有关的一些事情。“听到此事，天吾一下子想起了另一件事。虽然那是很久以前的事，但天吾至今未曾忘记，总能时时想起。只不过他从未对人谈及此事。”（BOOK1，136 页）

故事中，天吾为能获得《空气蛹》的修改权而特地去拜访了深绘里的监护人戎野老师，他在回家的电车中偶遇了一对母子。天吾在观察这对母子的同时不觉陷入了沉思，再次想起了那个因加入“证人会”宗教组织而饱受同学欺凌的女孩。女孩总是严格履行组织的各项教义，还常被她母亲拉去参加传教活动。在学校的一次理科考试中，女孩遭受到同学的奚落而天吾主动帮助了她。

于是在十二月的某一天，小学四年级的天吾第一次被一个女孩握住手（BOOK1，275 页）。作者通过类似事件与十岁这一特殊年龄的重叠，再现了天吾与青豆相遇时的情景。村上春树没有用事实表达既定结果，而是通过故事与时间的重合变化来逐步显现结果，这种故事套故事的设计使其内涵得到了充分提炼。

作为基督教分支的“证人会”是一个倡导世界末日论且热衷于传教的宗教组织，由于青豆的父母都加入了该组织，她在学校吃午饭之前不得不进行一种特殊祷告，因此招来了同学们异样的目光。母亲总是强迫她一同参加传教，她也因此成了母亲传教的工具。最终，青豆在小学五年级时下定决心逃离父母，躲到了舅舅家，她就这样从天吾的面前消失了。另一主人公天吾的父亲在 NHK（日本国际广播电台）就职，每个周日父亲都要带着他去催缴收视费，这让天吾深感不快。于是，他在某一天终于跟父亲宣布，“我不会再和你去催缴收视费了！”（BOOK1，318 页）此时的天吾也正值十岁。可以看出，对青豆与天吾而言，十岁这一年龄无论是对他们各自的人生还是之后两人的关系发展都具有决定性作用。

有趣的是，除了青豆与天吾的关系，书中还多次提到十岁这一年龄。例如，上文提到的天吾的女友讲起自己欺负一个男孩子的事就发生在小学五年级，宗教组织“先驱”领袖的女儿深绘里离开组织逃到戎野家时是十岁，还有被该组织的领袖性侵的少女小翼被人从救助站送到老妇人（给青豆下达特殊任务的人）的庇护所时是十岁，青豆的朋友——警察中野步被哥哥性侵时也是十岁。此外，“柳公馆”的老妇人还对青豆讲起，自己在十岁时曾跟随父亲来到巴黎，看到的尽是四肢不全的人、身着丧服的妇女以及不断被运往墓地的新棺椁。还有，《空气蛹》的主人公也是一个十岁的女孩。《1Q84》中被反复提及的“十岁期”的确让人印象深刻，那么“十岁期”究竟有何深意呢?

心理学之“十岁期”

对于自己着意强调“十岁期”的原因，村上春树解释道，“十岁是人类性意识开始萌动的年龄，具体说来，女孩将迎来初潮，而男孩将迎来第一次射精。因此，十岁意味着人生中某些新事物的开始，也意味着我们将与无邪的童真世界告别。”[24]很多人都将研究焦点放在孩子的青春期及性意识萌动方面，而村上春树则将视角对准了更早的“十岁期”，也许这就是他作为作家的直觉吧。

另一个值得注意的问题是，《1Q84》中很多发生于十岁期的事件都与个体的独立倾向有关。青豆、深绘里和小翼都是在十岁时决定脱离宗教组织（“证人会”及“先驱”），青豆与天吾也是在这一时期厌倦了继续扮演父母传教、催款的工具，并通过宣言或具体行动进行反抗。那么，他们为何会在十岁时表现出如此强烈的独立倾向呢?

很多人都将“性”视为孩子向成人过渡过程中的重要因素。然而，很多心理学研究显示，十岁期是人类确立自我意识的重要阶段，也是成人思维方式形成的重要阶段。对此，德国心理学家夏洛特·布勒（Charlotte Malachowski Bühler，1893—1974）将其称为“自我经历”，具体指个体通过与另一自我的对话或着意营造的极度孤独感来实现。之后我们将讲到的荣格的例子也是研究“自我经历”的典型案例。另外，由日本创立并发展的“风景构图分析法”也形象再现了人类确立自我意识的过程。

“风景构图分析法”的灵感来源于沙盘盆景疗法，是由精神科医生中井久夫创立的绘图式心理测试。具体过程为先由治疗师或试验人在画纸上画出边框，然后让治疗对象或试验对象在上面依次画出“山川”“河流”“稻田”等构图元素，并最终形成一幅风景画。幼儿的图画仅是将若干元素简单罗列在一起，根本构不成风景，而大一些孩子的图画则表现出了一些构图能力。差异最明显的是十多岁孩子的图画，贯穿于画纸的河流及高空俯瞰式构图都极为出色，有的孩子甚至能画出如地图般的风景。临床心理师山中康裕对此结果十分感兴趣，并将画中的河流称为“站立的河流”[25]，同时心理学家高石恭子也认为这种俯瞰式构图与类似死亡经历及自我经历密切相关[26]。总之，孩子在十岁之后便逐渐会用透视法来进行构图。

幼儿在绘画时，执着于逐个绘出河流、山川等元素，而不会从整体角度构图，因此其作品呈现出零散无序的状态。与之相比，十多岁的孩子则能摆脱单个元素的限制而以远观的方式构图，并有意识地通过画中的各个元素来表达自己，不过这并不意味着他们已具备了透视构图的能力。其中，高空俯瞰所营造出的强烈飞跃感及否定感让人印象尤为深刻，这种构图方式也标志着个体自我意识的觉醒。

另外，荣格也在《荣格自传：回忆·梦·思考》中介绍了自己在十二岁时形成自我意识的经历。有一次，荣格在学校被同年级学生推倒在地，自此之后他一听到“上学”就会头晕，于是便不再去学校了。荣格的症状类似于某种神经官能症。当他痊愈后再次走向学校时，便与另一个“自己”不期而遇了。

图 1
小学一年级女孩的绘图。图中仅是将河流、山川、稻田、道路、房子、树木、人物等元素简单罗列起来，并未构成风景。

图 2
小学三年级男孩的绘图。图中的河流由上至下贯穿整个画面，并形成了高空俯瞰式风景。

图 3
小学六年级男孩的绘图。采用了层次感分明的透视构图法。

上图选自高石恭子“关于风景构图分析法的构图类型研究”（山中康裕编著：《风景构图分析法及其发展》，岩崎学术出版社，1996）。

“虽然只有短短的一瞬，我一下就有了拨云见日、醍醐灌顶的感觉。终于明白了我就是我！之前，我一直陷入在重重迷雾中，并未真正形成‘自我’。然而，就在那一瞬，我终于找到了自己。（中略）之前，我总是听命于他人，而现在我将完全听命于自己。”[27]

荣格准确捕捉到自己摆脱精神危机后发现自我及确立自我意识的瞬间，他拒绝了之前那种被动听命于父母的生活方式，而是选择忠于自己的意志，这也促进了个体的独立。《1Q84》强调十岁期这一年龄以及该年龄段与个体独立之间的关系是为了呼应这一特殊年龄段的心理学特征。从某种意义而言，十岁才是人生真正的起点。书中，青豆曾这样对自己说，“我的人生从十岁时才真正开始，之前的生活不过是一场噩梦。”（BOOK1，485页）无论青豆还是天吾，都是在十岁时摆脱了父母的控制，开始了自己的人生。

从积极的角度而言，十岁期是人类确立自我及自我意识的重要阶段。不过，从之前的风景构图分析法可以看出，十岁期孩子所绘出的贯穿整个画面的河流及高空俯瞰的效果具有极其强烈的空间破坏感，这也暗示出十岁期孩子动荡多变的性格特点。所以，十岁期是一个复杂而艰难的时期，很多人都会陷入荣格那样的精神危机。河合隼雄曾写过一篇题为《小学四年级学生》的随笔，其中提到，“孩子成长过程中的第一道难关就出现在九岁到十岁。”他还指出，“很多小学四年级的学生就已表现出与成人完全相同的精神症状。”[28]确立“自我意识”即指孩子们将要告别之前那种单纯无邪的生活而开始将自我作为主体意识的对象，在此过程中必然会出现主体与自我的分裂、矛盾、纠结以及由此衍生出的自卑感与罪恶感。这些都是典型的神精疾病症状。随着这一时期的孩子开始确立自我意识，他们也可能患有与成人相同的神精疾病。

同时，个体表现出的独立倾向意味着他将逐渐脱离之前的“温室”（主要指家庭），独自去外面经历风雨。《1Q84》中那些对人物造成身心伤害的事件恰恰就发生在这一特殊时期，例如庇护所老妇人的战争经历以及遭受性侵的中野步。

文学之“十岁期”

那么，文学作品中又是如何再现这个危机四伏、动荡不安的年龄段呢？为能更好地理解河合隼雄的随笔《小学四年级学生》，特以今江祥智的《棒棒》（*Bon Bon*）及凯瑟琳·史拓（Catherine Storr）的《玛丽安之梦》（*Marianne Dreams*）为例进行讲解。《棒棒》的故事背景是第二次世界大战中的日本，书中以具体事件来象征当时小学四年级学生面临的种种巨变。无论是父亲去世还是之后的战乱，这些客观事件正好与孩子们动荡不安的心境相吻合。《1Q84》中描写柳公馆老妇人的战争经历时，也采用了相似手法。

不同于《1Q84》中与父亲决裂的天吾，故事中的棒棒因为父亲去世而将与哥哥洋次郎分别。对于棒棒而言，哥哥就像自己的指南针一样，而这次分别也象征着他将在精神上脱离哥哥，以确立真正的自我意识。

另外，《棒棒》中出现的女孩也非常值得重视。故事开头，棒棒参观天文馆时捡到了一个小草帽，由此引出了一个名叫岛惠津子的女孩。另外，棒棒的同学白石渚也是一个重要人物。然而，这两个女孩却一起消失了，可是棒棒并没有积极地去寻找她们。这与《1Q84》中青豆与天吾相遇又分别的情节出奇地相似。

河合隼雄的自传体小说《爱哭鬼小隼》着意强调了十岁期的意义。这本由心理学家写就的小说可能存在着一些文学方面的问题，但该作品对研究十岁期具有重要的启迪作用，同时也利于我们剖析作者对十岁期的认识过程。作者除了在书中列举了上述两部儿童文学作品外，还列举了其他作品。另外，书中除了对兄弟的名字进行改动以及对真实事件做了一些文学加工外，所有内容均是作者的真实经历。该作品曾在《家庭画报》上连载，但遗憾的是由于作者突然病倒，故事不得不终止于主人公的小学四年级经历。幸运的是故事内容恰巧包括了这一重要的十岁期，所以整部作品不会给人以半途而废之感。

书中第九篇至最后第十二篇“恐怖夜色”的四个章节写的都是小学四年级学生的事，其内容占比达三分之一，这也进一步突显出十岁期的重要性。在最后四个章节中，对小隼孤独感的描写尤其让人印象深刻。此前的小隼不仅备受手足呵护，还是学校的优等生，但事情却渐渐发生了变化。他变得不再讨班主任喜欢，就连品行成绩也降到了“乙等”。有一次，班级组织大家募捐以向国家捐赠战斗机，只有他一人忘带了一钱硬币（约等于 1/100 日元）的捐款，于是很多同学都说他没资格当副班长。文中对此时小隼的心理状态的描写颇具深意，原文写道，“看到大家冷漠的目光，小隼的感觉十分复杂，简直难以言表。如果非要说明的话，就像是陷入一种极度的孤独中。此前，小隼无论做什么总是和大家在一起。而此刻，他觉得广田老师和全班同学都将自己排除在外，

‘全世界就剩我一个人了，只有我一个人了。’”[29] 当个体意识到自己将与包含自我的共同体分别时，即标志着现代意识的确立。另外，第九篇中小隼的好朋友青山将转学到东京，此时的分离进一步加重了主人公的孤独感。

不安是现代意识的衍生物。自十九世纪至二十世纪，以索伦·奥贝·齐克果（Søren Aabye Kierkegaard，丹麦哲学家）及马丁·海德格尔（Martin Heidegger，德国哲学家）为代表的哲学家都将“不安”作为哲学的根本问题进行研究，这也进一步说明不安与现代意识的形成是息息相关的。深感孤独的小隼经常陷入不安之中，小学三年级时他还为离开父母与哥哥同睡而兴奋，可进入四年级后，他却时常在半夜惊醒，还会突然感到不安、惊恐。[30] 于是，每当他在半夜感到害怕时，就会下意识地走下楼并悄悄躺到父亲身边。为此，他还在晚饭时被哥哥们取笑了一番，而父亲教训了哥哥们，“每个人小时候的经历都是不同的！”正因为有了父母的包容与接纳，此后的小隼便很少在夜里惊醒了。

另外，书中的另一情节也颇引人深思。小隼的母亲在非教学参观日来学校看小隼上课，正巧撞见了他出糗的样子。于是，小隼认为母亲是故意让自己难堪，他大发脾气，放学回家后还大声反驳母亲。此时，母亲一怒之下给了小隼一记耳光。

“‘哇——！’的一声，小隼哭了出来，不由得把脸埋在了母亲的膝上。母亲的双膝是如此温暖，让人如此怀念……小隼一边想着，一边抬起头，他的目光正好与母亲的目光相遇了。”[31]

然后，母亲又耐心地开导他即便失败也不能闹情绪，于是小隼的情绪渐渐好转了。对他而言，小学四年级的日子仿佛严冬般寒冷，但同时也能隐约感觉到春天的气息。此时，整个故事悄然落幕。

虽然我们未能在作品中看到春天到来时的情景，却已清楚看到十岁的小隼与父母分离及重建联系的过程。夜里害怕时他会睡到父亲身边，跟母亲犟嘴挨打时会趴在母亲的双膝上，而不是选择离家出走。小隼与父母的分离并非青豆及天吾那种单方面的诀别，而是为了重建与父母的联系。当然，这种重建并非个体独立意识的退化，而是通过重建联系来实现个体的真正独立。独立是一种极具辩证性的个体行为，成功独立及确立自我意识是同时包含分离与重建这两种行为的辩证过程。

最后，我还想谈一下十岁的小隼结识女孩的经历。小隼在学艺会的练习课上偶然结识了一个名叫川崎野美子的漂亮女孩。此后，小隼每当想起野美子，都会激动不已。可是，野美子却因父亲调动工作而突然消失了。《1Q84》中青豆与天吾相逢、分离的情节与此十分相似，都表现出了那个年纪的孩子特有的一种情愫。

现代意识

正如“三种时间性”一节提到的，十岁时形成的自我意识及独立倾向不仅是每一个现代人的必然经历，还是形成现代意识的重要历史性诱因。在《1Q84》及村上春树的其他作品中，历史性的时间推进显得十分重要，因此这里将着重分析一下形成自我意识的历史性要因。《1Q84》中主要以个体脱离父母及某个组织来阐述十岁期时自我意识的形成过程，而风景构图分析法则显示出主体观察视角的变化，从融入自然转变为观察自然，由主张客观世界的前现代世界观转变为崇尚自我意识的现代世界观。

现代人形成于十岁期的自我意识并不是历史性的必然选择，这个观点可从之前的绘画作品中得到验证。例如在古埃及图画中，树是从侧面看到的样子，水池是从上面俯瞰的样子。这说明人不能决定观察视角，而是要选取能呈现客观事物最佳状态的视角。这种构图方式与风景构图分析中的幼儿构图方法十分相似。由这种古埃及图画可以得知，当时的人们并未形成现代人的自我意识。

自我意识形成于现代西方国家，对此吉格利希列举了透视构图法、笛卡尔的 Cogito（思考的我）理论及宗教改革等事例进行论证。首先，中世纪的绘画作品较为重视作品的象征意义，构图上未表现出距离感，而形成于文艺复兴时期的透视构图法则强调从远处观察事物。其次，笛卡尔提出的“怀疑一切”的理论意味着崇尚客观事物的前现代世界的终结与瓦解，而“思考的我”则进一步强调了人类主体及主体意识，是宣布现代意识形成的转型范例。再次，宗教改革也摆脱了之前的教会模式，而转为提倡个人信仰。

现代意识的特点就是将个体从前现代模式中解放出来，从自然、组织及父母的包围中解放出来。正因为个体摆脱了重重束缚，才使得各种抽象原理及自然科学发挥出前所未有的作用。

青豆、天吾的生活方式与世界观也体现出了现代意识。其中，青豆通过科学方法锻炼肌肉显示出主人公极为理性的思维方式。第十一章 “肉体才是人类的圣殿”中详细描写了她这一特点。书中写道，“青豆十分擅长肌肉按摩。（中略）人体所有骨骼及肌肉的名称她都了然于心，而且她还十分清楚不同部位肌肉的作用、特点以及相应的锻炼保健方法。青豆坚信，只有肉体才是人类的圣殿，让身体尽可能地保持强健、美丽、清洁是对它最好的祭奠。”（BOOK1，241 页）“圣殿”原指超越人类的特殊场所，将肉体比喻成圣殿是一种强调人类主观感受及事物可控性的思维方式。书中，“先驱”领袖对肌肉锻炼法的效果大加赞赏，对此青豆说道，“我不过是做了一些具体工作。我曾在大学里学习过人体肌肉结构及机能方面的知识，在数年实践中我不断地改进自己的技术，并创立了一套自成体系的锻炼方法。说到底，我不过是做了一些效果可见、逻辑合理的事情而已。这些事情都是眼见为实、有证可循的。当然，整个过程也会伴有疼痛。”（BOOK2，233页）正因为青豆相信眼见为实、有证可循的事物，所以她要求“先驱”领袖尽量不要去考虑精神层面的东西。由此可知，理性的现代意识深深根植于青豆的思想中。

天吾由于擅长数学，得以在补习班谋得数学老师一职。“从小学到中学，他一直沉浸在数学世界中。数学表现出的简单明了及无限自由让他如此着迷，简直就成了他生活的动力。”（BOOK1，317页）其中提到的“简单明了、无限自由”与笛卡尔“思考的我”的理论不谋而合。正因为现代意识在天吾头脑中的萌芽，他才选择了这份非常适合自己的工作。除了数学外，天吾对文学也十分着迷，他一直梦想并尝试成为一个作家。由此可知，天吾的思想中存在着理性与非理性两个世界。“对天吾而言，数学是一座壮丽辉煌的虚拟建筑，而狄更斯的文学世界则是一片神秘的魔法森林。”（BOOK1，317页）

个体意识解离与现代意识

在村上春树作品中，关于形成现代意识的内容并不多见。村上春树曾在访谈中多次谈到，他并不认同那些以现代自我及现代意识为主题的文学作品。除了《1Q84》，他没有任何一部作品涉及这一主题。形成现代意识的过程伴随着个体与之前世界的纠结与抗争，《1Q84》中的青豆与天吾就是通过与父母的抗争而建立起现代意识，其中主要人物脱离宗教组织的内容也是为了呼应这一主题。

在多数村上春树作品中出场人物往往只有一个，因此他们无须为了解放自己而与其他人发生纠结或抗争。这类作品包括早期的《且听风吟》及《一九七三年的弹子球》等。《且听风吟》的开头提到了“我”的三个叔叔，却并未提及父母。“我”的生活是孤立而破碎的，其间遇到了一个名叫“老鼠”的男子和一个手指残缺的女子。《一九七三年的弹子球》的主题是“无以复加的失落”，书中写到了一个将死的女性及那些消失的弹珠。与《且听风吟》一样，该书的人物在分散孤立的同时也伴随着偶遇。可以说，这两部作品中的人物没有任何挣脱束缚、解放自己的行为。

这种完全不同于现代意识的“个体意识解离”并不限于村上

春树的早期作品。例如之后的《寻羊冒险记》，故事开头就写到了“我”的朋友——一个将死的女孩。第二章写到“我”的离婚。当“我”发现自己的照片已被妻子从影集里撤下时，“我”突然感到，“原来我一直是一个人啊！影集里有山川、河流、小鹿、小猫，可就是没有我。仿佛我生下来就是一个人，永远是一个人，无论从前还是以后。”[32]可以看出，“我”的世界不存在自我解放以及寻求独立的过程。另外，村上春树的另一部百万畅销书也是其成名作——《挪威的森林》也是如此。故事中的“我”是一个远离父母独自在东京生活的学生，其中并未涉及独立及自我解放等内容。在主人公所处的时代，以学生运动为首的各种反体制运动此起彼伏，似乎要打响一场“自我独立”的解放战争，然而“我”对此不闻不问，只是冷眼看着一场场闹剧。

本书主要讨论的是《1Q84》与这些作品的不同之处，或者说《1Q84》的特殊性，因为《1Q84》中明确写到了现代意识。关于其他村上春树作品所表现出的意识形态，我将在之后的第三章、第四章详述。

父母及组织的特殊性

如上所述，《1Q84》中关于个体与父母及组织进行抗争并获得独立的内容是村上春树世界的“异类”，这使得很多人误认为该作品是一部现代风格的小说。然而，作为抗争对象的父母及组织是具有某种特殊性的，并非普通的现代意识的产物。

就现代意识而言，个体与父母的抗争或许是不可避免的。因为父母既象征着个体之前所处的共同体也是个体与共同体之间的纽带。很多父母都会用社会经验和传统的思维方式来说服并打压那些意欲寻求独立的孩子。社会学家作田启一立足于前现代意识中的父母，进一步研究了大家庭、组织、社会及整个自然界的结构的同质性，并将其命名为“整体论”（Holism）[33]。然而，青豆、天吾与父母的关系并不具备上述特点，也无法代表常见的亲子关系。青豆父母所加入的“证人会”是一种与世隔绝的宗教组织，而父母强加给青豆的思维方式也有悖于社会常识。

另外，天吾父亲的想法也不同于一般父母。天吾在每周日都必须跟随父亲去收缴收视费，这件事从他上幼儿园前一直持续到小学五年级。对此，父亲给出了天吾从小丧母无人照顾、要让孩子看到父亲辛苦工作的样子以及带上孩子会更容易工作等种种理由。正因为如此，天吾每周日都无法跟小伙伴一起玩耍，导致身边一个朋友也没有。这与青豆受父母所累而被同学欺负的经历如出一辙。可见，这二人的父母与团体及社会是一种对立的关系。

最终，十岁的青豆脱离了“证人会”，深绘里与小翼也逃离了“先驱”组织。起源于欧洲的基督教会及日本的檀家制度（日本江户时代，在全国所建立的将寺院与檀家的关系一律纳入管理的制度）在维护共同体关系方面极为重要，这也使得很多人想脱离教会或檀家制度而获得自身解放。于是，就衍生出了“证人会”“先驱”等与一般社会对立、孤立且封闭的特殊宗教组织。

村上春树在作品中列举出这种特殊父母及组织是在隐喻之前那种包含个体的亲子关系及组织已不复存在，即前现代世界中的父母、组织、社会整体及囊括整个自然界的一切。正因如此，村上春树在表现这种变化时采取了某种夸张手法，使其呈现出如讽刺画一般的效果。可以说，青豆与母亲、天吾与父亲之间的这种扭曲关系就是亲子关系宗教化的产物。

在当代，激进宗教组织经常被人提及，这也象征着前现代式组织有效性的丧失。于是，对此现状不满的人就会寻求依附某个宗教组织。《1Q84》中描写了特殊的亲子关系、组织以及个体寻求自我解放的现代意识，换而言之这些内容已属“过去式”，或许这其中也隐含着作家的怀旧情绪。

第三章

个体意识的解离与冲突

在《1Q84》之前的很多村上春树作品中，个体无须为解放自身而进行抗争，每个个体都处于分散、孤立的状态。可以说，这些作品中的人物并不具备第二章所述的现代意识，而是直接陷入了个体意识的解离与冲突（第三章）之中，同时伴有性与暴力。因此，要了解后现代意识的具体含义，首先应对《1Q84》之前的村上春树作品加以分析。

个体意识与现代意识的关联

《1Q84》中有一个情节是十岁的青豆突然握住了天吾的手。那是十二月初的一个晴朗午后，两人在放学后留下来值日，于是教室里就剩下了他们两个人。书中写道，“青豆好像下了很大决心一样快步穿过教室，来到天吾身边，然后一下子握住他的手并目不转睛地看着他。（中略）此时的天吾吓了一跳，他看着青豆，二人的目光就这样相遇了。天吾从未见过如此深邃的目光，而少女就这样一直默默地握着他的手，她的手是如此有力，没有一丝松懈。过了一会儿，她突然松开了手，小步跑出教室，连翻起的裙摆也没顾上整理一下。”（BOOK1，275 页）

书中这段发生于十岁期的相遇让人印象深刻。人类的心理通常是脆弱而矛盾的（即具有辩证性特点），绝非简单的一刀切式。例如《爱哭鬼小隼》中，独立意识萌芽的小隼在半夜因恐惧而无法入睡时，会悄悄躺到父亲身边。这暗示了个体的独立行为常常附带着与父母发生联系这一非独立行为。反而言之，正因为有联系，才使得分离、独立的行为获得成立。书中的小隼正是通过再次确认自己与父母之间的联系，才得以实现个体的真正独立。如果这种分离是片面的、一刀切式的，那么个体的精神世界很可能走向崩溃。另外，当分离与联系交互发生时，会引发主体的矛盾心理，即搞不清自己是否真想独立。有些人甚至因为惧怕分离而再次寻求联系，以致出现了“不上学族”和“窝家族”。

分离的过程包含着联系，身处在分离或联系中的个体会选择不同的对象。很多离开父母的孩子最终都能找到自己的伴侣，就是从分离过渡到联系的最好例证。弗洛伊德借助“恋母情结”（Oedipus complex）这一概念指出，很多青春期后的孩子鉴于亲缘性关系的禁忌，都会主动寻求新的伴侣以求建立新的联系。由此可知，虽然十岁期出现的异性并非现实中的伴侣，却是个体脱离父母、家庭进而寻求新联系的象征。那些出现在天吾、棒棒、小隼这些十岁男孩身边的女孩就具有这种象征意义。此外，以十岁女孩为主人公的小说《玛丽安之梦》中，一个名为马克的男孩也经常出现在主人公的生活及梦境中。

不仅是个人的成长过程，在社会发展及历史进程中也会出现个体与行业工会、教会、大家庭等组织的解离。在提倡现代意识及个人主义的西方国家，情侣及伴侣的存在十分受重视，夫妻或情侣会一同出席各种晚宴。因此，他们对仅属于日本企业男性员工的聚会感到十分不解。婚姻制度起源于上古时期，其在不同文化中的重要地位不言而喻。正如克洛德·列维 - 斯特劳斯（法国作家、哲学家、人类学家）所指出的，婚姻对不同部族及家族间的交流十分重要，但对重建个人联系的意义却微乎其微。另外，西方人对婚姻及情侣关系的看重并非仅限于历史学及社会学层面。

通过分析西方的民间故事可以发现，在以格林童话为代表的很多西方民间故事中，结婚就是完美结局的象征。这也从侧面揭示出深植于西方人头脑中的意识形态特点。[34] 诞生于西方的荣格心理学认为，“阿尼玛”（Anima）和“阿尼姆斯”（Animus）这两个存在于潜意识中的异性原型之所以备受西方世界推崇，有着深刻的文化及历史方面的成因。

个体的分离与联系并非仅表现在人际关系上，还可由此捕捉到个体内心的细微变化。正如荣格在少年时经历的那次精神危机一样，个体只有通过与自己的对话、交流才能树立真正的现代意识，并由此建立起与自我的联系。回顾西方历史，那些从宗教、自然及各种组织中脱离出来而实现独立的人，无不具有强烈的自我反思、自我发现的能力。脱离自然、家庭及朋友来寻找新的联系意味着个体将与自我重建联系，个体会在自省中进一步加强自身的责任感。不过，与自我重建联系必然会遭遇两个自己，因此这一过程也会伴随着个体意识的解离，即无法与自我重建联系或丧失自身的责任感。那么，对于在十岁期就踏上独立之路的青豆与天吾而言，他们又会寻求到何种联系呢？让我们拭目以待。

个体的孤立

青豆和天吾并没有在分离后重建联系，或者说他们并没有选择以树立自身责任感为象征的现代意识。两个孩子在十岁时相遇，随后便各奔东西，无论是《棒棒》还是《爱哭鬼小隼》都难免这样的结局。对当事人而言，十岁期结识的异性具有特殊意义，而对方的样貌及本人与对方的关系却并不那么重要。正如本章开头所引用的，“天吾一直回想着那少女默默握着自己的手时的情景。”文中的“少女”并未指名道姓也是鉴于当时两人关系的不明朗化，因为在天吾的故事中不可能出现青豆的名字。故事开头提到，“某一天，那少女突然握住了天吾的手。”这个藏于天吾心中的少女之所以未被提及姓名，就是为了暗示青豆的普通与平凡。因此，文中写青豆离开时——“她突然松开了手，小步跑出教室，连翻起的裙摆也没顾上整理一下。”也是这种偶然事件的必然结果。这昙花一现的相遇隐约预示出主人公未来的伴侣。

然而，两人自此便天各一方，没再有过任何交集。天吾每周日都不得不跟随父亲去收缴收视费，他总觉得自己是孤零零的（BOOK1，168 页）。因为在他成长的过程中，从未出现过与他密切关系的人或朋友，除了那次与青豆的相遇，女班主任恐怕是唯一一个跟他关系密切的人了。由于天吾拒绝去收缴收视费而被父亲赶出家门，班主任不但收留了天吾，还在次日去找天吾父亲谈话。于是，天吾终于有了属于自己的周日。另外，天吾在高二时因受伤无法参加柔道比赛而被学校管乐团抓去演奏定音鼓时，再次遇到了来观看侄女演出的小学班主任。

尽管对天吾而言班主任的出现十分重要，但是当天吾在演奏会上再次偶遇老师时，竟一时记不起她的名字了。由此可知，天吾与老师的关系还达不到朋友交往的程度。但是，天吾与他人交往的经历也只限于此。从学校毕业后，天吾志在成为一名小说家。平时，他靠补习班的工作维持生计，一周里有四天会待在家。对此，书中有这样的描写，“天吾在家时，通常会早起，然后一直写作直至傍晚。”“傍晚时，他会出去散步，常常一去就是很长时间。天黑后，他就回到家里一边听音乐一边看书。”（BOOK1，47 页）可以看出，成年后的天吾过的就是一种单调而孤独的修行式生活。

那么，天吾与异性的交往如何呢？书中写道，“天吾在补习班讲课时，也有过几次与女学生单独相处的机会。”（BOOK1，91 页）不过，天吾并非主动的一方，而是那些离开补习班后进入大学的女生们主动联系他，然而这些交往都未持续太久。“除了单纯的约会外，天吾也与她们发生过两次肉体关系，不过这种交往并未持续太久，总是不知不觉间就断绝了。”其中，让我们感兴趣的不仅是天吾在人际交往及感情方面的匮乏，还有他对于人际关系的消极态度。对他而言，唯一的例外就是那位年长天吾十岁且已交往了一年的有夫之妇。这位“女朋友”每周会来天吾家一次，其余时间天吾则处在一种极端孤立的状态中——“他除了在补习班里跟同事简单聊几句之外，几乎不与任何人交谈。”正如补习班的那位女办事员对天吾的评价：他并非性格孤僻或不擅交际，只是不愿与别人有太多瓜葛。

正因如此，天吾去养老院看望患阿尔茨海默症的父亲时，说了如下这段话，“即便伸手也触摸不到任何人，即便叫喊也听不到任何回答，任何人、任何事都与我无关。”（BOOK2，177 页）“我连一个朋友也没有，我就是这样一个人。”（BOOK2，178 页）可以看出，天吾的确不与任何人发生联系。

另一方面，青豆也处于这种极度孤独的状态中。由于青豆十岁时便离开父母，孤身来到舅舅家生活，所以她常感觉自己很孤单，从而更加渴望爱情（BOOK1，293 页）。虽然青豆自小因父母加入“证人会”而备受同学排斥，但在某些时候她的存在也很重要。例如，青豆在加入学校的垒球队时非常兴奋，觉得自己也是有用之人。而且，垒球也让她有机会结识了一个名为大塚环的女孩，她最终成了青豆的死党。书中关于两人在高中时曾赤裸躺在床上，并互相抚摸身体的描写让人印象尤为深刻。

不过，大塚环男友的出现给两人的交往蒙上了一层阴影。最终，大塚环因不堪家暴而自杀，自此青豆也失去了这唯一的亲密关系，陷入极度的孤独中。她辞了职，也不再去打垒球。失去大塚环之前，“青豆没有固定的男朋友，她会偶尔跟男孩约会，也会遇到不错的对象，但绝不会跟他们深交。”（BOOK1，297 页）“对青豆而言，与他人保持亲密关系是一件痛苦的事，她宁愿一个人。”（Book1，299 页）大塚环与垒球是青豆与这世界发生联系的仅有的两样事物，失去他们使青豆陷入彻底的孤独中。

后来，从事健身教练的青豆结识了柳公馆的老妇人，后者为那些遭受虐待的女性提供了一个庇护所。青豆与这个因家暴失去女儿的老妇人同病相怜，于是她按照老妇人的指示去“清除”那些施暴者。有一次青豆的任务是去刺杀“先驱”领袖，老妇人告诉她这次任务十分危险，事后甚至需要整容才能逃命。老妇人提醒青豆，“你可能会因此失去朋友！”而青豆却说“我根本就没有朋友”。（BOOK2，23 页）行动前老妇人的保镖 Tamaru 来告知具体的行动方案，当他向青豆询问家人的联系方式时，青豆却回答“我没有家人”。

无论青豆还是天吾都是毫无牵绊的极度孤独者。然而，《1Q84》中的孤独者并非只有他们俩，在“先驱”的手下从事不光彩工作的牛河也是一个孤独者，他因离婚而不得不与女儿们分离。此外，忍受丧女之痛的柳公馆老妇人、保镖 Tamaru、逃离父亲的深绘里以及她的亲生父亲——“先驱”领袖等无一例外都是孤独者。此外，在村上春树的其他作品中，很多人物也处于这种毫无牵绊的孤独状态。例如，《寻羊冒险记》的讲述者——“我”，当“我”准备离开东京去寻找神秘的羊时，给前妻和名叫“俏耳朵”的女朋友打了电话，可这两人却都没出现。书中写道：“除了她们，我不知道还能给谁打电话。在人头攒动的东京街头，我能打电话的人只有她们两个，而且其中一个还是已离婚的妻子。”[35]

现代意识的特点是个体通过斩断与父母、组织、自然甚至是祖先之间的某种前现代式的联系来实现个体独立，同时通过寻找新的伴侣而建立新的联系。然而，青豆和天吾的身上却未表现出任何与他人发生联系的要素。尽管他们在十岁期时已具备了独立的要素，却很难将其定义为现代意识，也许将其理解为一种全新的意识形态更为妥当。关于这一点，后面还将深入探讨。

青豆与天吾之所以不与他人发生联系，也许是因为他们将“联系”理解为一种稳定的个人关系，即联系的不同表现形式。那么，青豆与天吾究竟会建立起何种联系呢？

个体的极端遭遇

人的内心是矛盾而纠结的，孤独不会衍生出“伴侣”这一普通的人际关系，而是激发出个体建立联系的意愿。与完全处于被动的天吾相比，青豆的这一表现更为明显。

自从青豆用冰锥“清除”了那个对好友大塚环施暴的男人以来，她就开始了一夜情冒险。她会去高级宾馆的酒吧喝酒并在那里物色对象，然后与他们发生刺激的一夜情。BOOK1 第三章，当青豆按照柳公馆老妇人的指示，清除了那个虐待妻子的石油公司员工后，便来到了宾馆酒吧物色了一个中意人选，并引诱他与自己发生了性关系。一次，青豆在宾馆物色对象时结识了女警中野步，后者的目的与她相同，于是两人攀谈起来。

“你没有男朋友？”

“我不交男朋友，太麻烦了。”

“跟固定的男人交往太麻烦？”

“是啊。”

“但有时，的确很想做啊！”中野步说。

“我觉得应该是想放松一下。”

“或者说想度过精彩纷呈的一夜？”

“这说法也不错哟！”

“反正我只想要一晚，不想拖拖拉拉的。”

青豆点了点头。（BOOK1，253 页）

于是，青豆在阿步的提议下跟她一起去物色各自中意的对象，然后尽享一晚的性爱盛宴。正如阿步所说，她们与男人的关系只维持一晚，绝不拖拖拉拉。

可见，青豆并非一直处于孤独的状态中。正因为她毫无牵绊才会偶尔制造出这种极端遭遇，具体说来就是暗杀及一夜情，这两者均非频发事件而是偶发事件。当青豆杀死那些素不相识的男人时，她与他们的关系也仅限于一面之缘。所有孤立分散的事物不会永远处于彼此孤立的状态中，偶尔也会发生交集。

在《1Q84》中，青豆寻求一夜情以及按照指示去暗杀那些施暴者的行为多少都带有一些目的性及合理性，而村上春树的另一作品《天黑以后》中的偶遇显得更加激进，我认为该作品表现出的碎片感及解离感尤为强烈。故事的两条线索是玛丽的故事及长眠中的惠丽的房间，然而这两条线索只是交互出现却没有任何联系。主人公浅井玛丽及姐姐浅井惠丽，还有 IT 男白川及其妻子等各色人物均处于分散、孤立的状态中。一次，当玛丽在 Denny’s 餐厅看书时，偶然遇到了之前跟姐姐参加“2 vs 2 约会”（两男两女一起约会）时结识的高桥君。高桥在参加乐队练习的途中在宾馆遇到了一个惨遭毒打的中国妓女，对方央求他帮忙找一个中文翻译，于是他就找到了会中文的玛丽。那个施暴者正是白川，而白川的出现却只限于惠丽房间的电视机画面。后来，高桥在便利店的货架上无意中捡到了那个中国妓女的手机，那是白川扔在这儿的。随后，他就接到了一伙中国人打来的威胁电话，他们正在四处寻找那个拖欠嫖资的打人者。可以看出，性与暴力是促使孤立个体发生联系的重要诱因。

孤立与偶发式遭遇是村上春树早期作品的一贯特点。如前所述，在他的首部作品《且听风吟》中，“我”与“老鼠”的相识就显得很突然。此外，书中的很多相遇也很偶然。例如，“我”与“断指女”的相遇。文章开头，“我”突然出现在一个素不相识的女性身边，很多读者都会觉得这样的情节太过不可思议。3小时后，当女人睁开眼睛问“我”是谁时，“我”告诉她昨晚她摔倒在“爵士酒吧”的卫生间里，“我”是按照明信片的地址把她送回家的。

村上春树作品除了描写偶发式联系外，还侧重于描写能直接制造联系的“性”。例如，高中时的青豆与大塚环互相抚摸赤裸身体的情节以及天吾与年长女朋友之间的性关系。这些内容不乏性方面的描写，却乏于情感上的交流。对此，书中写道，“他们本应该深入地交流心声、加深了解，让不同思想间发生碰撞……可是双方最终还是选择逃避了事。”（BOOK1，451 页）天吾制造联系的途径就是直白的性关系，为此他会用搭讪、诱惑等手段让对方上钩，在他看来“联系”与“性”之间完全可以画等号。感情是与对方保持一定距离时才能成立的东西，如果联系建立得太过突然，其表现形式就只有“性”了。

在《寻羊冒险记》的开头，描写了一个与“我”稍有交往的女孩在二十六岁时因车祸丧生，而她生前的私生活十分放荡，能随便与人发生性关系。当“我”询问女孩选择对象的标准时，她答道，“说到底，我是想认识各种各样的人。”对这个女孩而言，性就是她与别人建立联系的唯一手段。

个体对责任的逃避

现代意识的特征是个体在获得自由的同时，也需担负起对自己的责任。与之相比，虽然前现代世界的束缚较强，同时也带来了相应的保障与规范。例如，婚姻基本由家族及部族决定，同时个体的职能划分也很清晰。然而，挣脱前现代束缚的现代意识在实现个体自由的同时，也让个体担负起相应责任，这就是权利与义务的相辅相成。

现代意识与自我意识结构密切相关，成熟的现代意识在寻求与他人建立联系的同时，也会寻求与自我建立联系，从而形成完备的自我意识。如前章所述，荣格发现自我的体验就是最好的例证。良好的自我意识及自我掌控能力象征着较强的自我责任感，即由之前的被动式完成责任升华为主动履行责任。形成于人们思想中的道德意识就是自我责任感的典型表现。

可是，无论青豆还是天吾都未形成这种涵盖责任意识的现代意识。其中，在补习班任职的天吾曾与几个毕业的女学生有过特殊关系，虽然“这样的交往并未持续太久，总是不知不觉间就中断了”。（BOOK1，91 页）而且，天吾还与一个年长自己的有夫之妇保持着情人关系，“他对其他女性没有任何欲望，只是想寻求一种自由而稳定的关系。”（BOOK1，451 页）总之，天吾最想要的就是自由，虽然他认可这种关系却并不担负任何责任。对此，书中写道：“选择年纪相仿的对象，与之恋爱、发生关系的同时必然会带来相应的责任，这是天吾最不愿接受的。（中略）‘责任与义务’的观念让他胆怯、退缩，于是他一直巧妙规避着可能产生责任与义务的风险。他不会陷于复杂的人际关系中，也不会被规则束缚，更不会发生金钱方面的纠葛，就这样独自安静地生活着。这正是他梦寐以求的生活方式。”（BOOK1，451 页）文中多次出现的“责任与义务”一词让人印象深刻。天吾不受约束的性格导致了他对责任感的排斥，他与情人的关系是短暂且不稳定的，由于他并未全情投入，当然也不会产生相应的责任感。

同样，青豆也在逃避承担责任。当朋友阿步询问她是否有男朋友时，青豆的回答是“我不交男朋友，太麻烦了”。（BOOK1，253 页）可见，她很享受这种毫无牵绊、偶尔玩玩一夜情的生活。

逃避责任是村上春树作品中人物的一贯风格，不过《奇鸟行状录》却是个例外，该作品表现出了个体对现实的认可与接纳。另外，村上春树作品中也很少对人际关系及责任感表示认可，其中值得一提的是短篇小说集《神的孩子全跳舞》的最后一篇小说《蜂蜜饼》。故事的主人公淳平终于下定决心与女友小夜子结婚，虽然他曾把小夜子让给了朋友高槻，但这次他对自己发誓一定要善待小夜子母女，整个故事就此结束。

现代意识在赋予个体自由的同时，也附带产生出相应责任。

然而，青豆与天吾却一直在逃避责任。因此，读者不免质疑他们的生活方式以及产生于十岁期的独立意识是否真正具有现代意识的属性。“责任”的对象既包括个体自身也包括他人，而自我意识正是源于个体对自己负责的态度。如果个体对自身及他人都不担负责任，那么我们该如何判定这种缺乏归属性的意识形态呢？

身体是意识的归属点

对于青豆和天吾而言，身体是最佳的归属点及判断标准。暴力与性是他们与他人发生偶发式联系的唯一途径，因此身体的作用被放大了，变成了人与人关系的结点。

青豆一直非常注意锻炼身体，她从初中开始打垒球，后来上高中、大学直至工作后也一直是垒球队员，她还因比赛成绩优秀而获得过奖学金。进入社会后，健身教练的工作让她把身体锻炼得更加结实、强壮。对于青豆而言，身体是圣殿也是唯一的归属点。

小说中多次写到青豆对于自己身体的关注，但这种关注并非一般女孩的顾影自怜，而是通过检查身体状况来验证自己是否来到了另一世界。“青豆环顾四周，看了看自己的手掌，又检查了一下指甲，随后又捏了捏衬衫下的乳房。她觉得身体并无异常，身体各部位的大小、形状也未发生变化。我还是我，这个世界也一如往常。”（BOOK1，199 页）

此外，身体也是青豆与他人建立联系的重要媒介。青豆的职业是健身教练，平时指导学员进行肌肉伸展训练。“先驱”领袖为减轻病痛而私下请青豆帮助他进行肌肉训练，当青豆在宾馆的房间里见到他时，对方问青豆是否听说过自己，青豆答道，“我不太了解您的事，因为听说有人需要进行肌肉训练我才来到这儿。我的长项是锻炼人体的肌肉与关节，没必要了解对方的身份及人品。”（BOOK2，192 页）文中还有一句——“青豆觉得自己的职业跟妓女差不多”，对她而言只有身体才是最重要的。

另一主人公天吾是小有名气的柔道选手，他对自己的身体也很重视，只是未达到青豆的重视程度。因为天吾的世界里还有数学与写作，对他而言，这两者才是他最为重要的归属点。

村上春树在很多作品中都将身体作为意识的重要归属点，例如《海边的卡夫卡》中的少年卡夫卡，即使在逃亡中也不忘每天坚持锻炼。

然而，将身体作为归属点并不意味着个体具有自省或自爱的意识。岩宫惠子指出，很多针对青春期男孩的心理治疗都将健身作为一种治疗手段。[36] 这是将形成主体意识的内向型作业转化为锻炼肌肉的直观外向型作业，或者说是将个体与自身的关系直接转化为个体与其身体的关系。可见，《1Q84》中青豆对身体的重视程度不仅反映了当代意识形态下的自我归属，也是个体形成自我意识的一种途径。还有一点让人颇为好奇，那就是身为女性的青豆为何选择了一种多见于男性的健身方法来实现身体对意识的归属。

个体的解离与世界的解离

《1Q84》所表现出的孤立感不仅指个体与他人的关系，也涵盖了个体与自身的关系，即缺乏对自身的归属感及责任感。我们可称其为“解离”。例如，青豆一面在暗杀男性，一面又在与他们发生性关系，就像发生了人格分裂。

天吾与有夫之妇的关系也表现出解离化。因为自己无须负责，所以没必要全情投入，只需解离出部分感情即可。同时，这个有夫之妇也会因为自己丈夫的原因而无法对天吾全情投入，因此她也具有解离化特征。总之，个体呈现出的解离化是村上春树作品的一贯风格。

同时，这种解离不只限于人际交往或个体意识，还延伸到整个世界。最典型的例子就是区别于1984年的1Q84异度世界。青豆察觉到警察的配枪发生了变化，她通过查找新闻才得知变更配枪是由于激进分子制造的本栖湖枪击事件，而自己却对此毫无印象。最后，她得出结论，“出问题的不是我，而是我周围的世界。我的意识、精神并无异常，只是我周围的世界被一股神秘力量改变了。”（BOOK1，194页）青豆认为个体的孤立及解离并非个体自身的问题，而是整个世界出了问题。我认为这种思维方式至关重要。那么，世界为何会发生解离，又是如何解离的呢？

后现代意识

在第二章“独立倾向与现代意识”中曾提到过《1Q84》的特殊性，该书描写了现代意识的形成过程，这在村上春树作品中是很罕见的。《1Q84》中的青豆与天吾不同于其他村上春树作品中人物的分散孤立状态，他们通过与父母或某个组织的抗争来实现个体独立。然而，青豆与天吾的某些特点又与现代意识不甚相符，他们从不主动建立联系，即便有也是借由性与暴力产生的偶发式、碎片式联系。

由此可知，《1Q84》的问世标志着村上春树作品中人物舍弃现代意识，转而建立一种新的意识形态。为使其能与现代意识区分，这里将其称为“后现代意识”。“后现代”一词最早见于利奥塔（Jean-Francois Lyotard，1924—1998，当代法国著名哲学家、后现代思潮理论家、解构主义哲学的杰出代表）的著作《后现代之条件》[37]，其特点就是“大型事件的解体”。此后，该词被广泛用于包括哲学在内的多个领域，其含义也非常丰富，以致有学者反对严格区分后现代与现代。[38] 这里有必要对后现代的多重含义稍作解释。正如本书对前现代意识的分析一样，用“后现代意识”一词命名这种产生于现代意识后期的意识形态最为适合。而且，村上春树作品所表现出的“后现代意识”与多种后现代理论均有交叉。

回顾欧洲历史可以发现，现代意识的特点是个体打破束缚自我的枷锁从而获得解放。无论是启蒙主义倡导的从自然中解放，还是个体脱离教会、行会及村集体等行为，均体现出现代意识的特点。从心理学角度而言，青豆与天吾脱离家庭的行为同样具有重大意义。正因为个体从束缚与规则中解放出来，才促使他们与自身及他人建立联系，这一点是形成现代意识至关重要的因素。相反，后现代意识的特点是被解放的个体不再需要抗争对象。在《1Q84》之前的很多村上春树作品中，个体无须为解放自身而进行抗争，每个个体都处于分散、孤立的状态。可以说，这些作品中的人物并不具备第二章所述的现代意识，而是直接陷入了个体意识的解离与冲突（第三章）之中，同时伴有性与暴力。因此，为了解后现代意识的具体含义，首先应对《1Q84》之前的村上春树作品加以分析。

第四章

后现代意识

个体的矛盾心理、罪恶感及主体性是现代意识的主要特点，而村上春树作品中的后现代意识均已丧失上述特点。同时，村上春树作品在世界文坛的巨大影响力也从另一侧面说明了作家对新型意识形态的高度敏感性。

《斯普特尼克恋人》与《天黑以后》

青豆与天吾对父母及宗教组织的抗争以及十岁期表现出的独立倾向是形成现代意识的关键因素，这在其他村上春树作品中并不多见。然而，仔细研究两人的生活轨迹可以发现，他们都是与别人毫无瓜葛的孤立个体，即便出现一些偶发式联系，也都是无责任感与归属感的状态，因此很难将两人的意识形态定义为现代意识。这种无须抗争、缺乏联系并伴随着偶发式遭遇的意识形态产生于现代意识的后期，如果将其命名为后现代意识，那么《1Q84》中的此种后现代意识就会与现代意识出现交叠以致难以区分。因此，为了更好地理解《1Q84》中的后现代意识，应先远离《1Q84》，转而从村上春树之前的作品入手。

村上春树早期作品中所表现出的后现代意识的特征就是“解离”，这在《斯普特尼克恋人》与《天黑以后》中尤为明显。在《斯普特尼克恋人》的结尾，当“我”乘坐的出租车与敏驾驶的“美洲豹”汽车同时行驶在相邻车道时，“‘我’并未马上注意到旁边有人正看着自己，也没与对方打招呼。”[39] 最终，敏开车径直通过了信号灯，而“我”的出租车则停在信号灯处等待右转，两人就这样淡然分别了。他们仿佛两颗孤独运转的人造卫星，即便偶然邂逅，也难逃擦肩而过的命运，作者的笔触堪称力透纸背！当“我”来到希腊寻找失踪的堇时，终因一无所获而不得不返回东京，在希腊的最后一晚，“我”闭目冥想时竟然想到了穿越天空的斯普特尼克后裔，“这些孤独的金属块在无障碍、漆黑一片的太空中偶然相遇再擦身而过，然后就是永远的分离。”[40]

《天黑以后》中也同样出现了车与车的邂逅。故事中的中国男子根据摄像头里的影像，骑着摩托车一路追查施暴者白川，当他在一个路口等待信号灯时，“白川乘坐的出租车距他仅有一米之遥，然而他只顾看着前方，并未发现目标就在身边。而另一边，身体埋在座椅里的白川还在闭目养神。”[41]即便两个个体偶然相遇，也只是擦身而过，只是《斯普特尼克恋人》中的两人错过的是爱情，而《天黑以后》中的两人错过的是暴力。

《三四郎》与《斯普特尼克恋人》1——现代意识

《斯普特尼克恋人》的第四章揭示了后现代意识与现代意识的区别。故事中的“我”在上大学后的第一个暑假独自去北陆（日本本州中部临日本海沿岸地区）旅行时，在电车上结识了一个同样独自旅行的女性，她年长“我”八岁，随后两人一起过了一夜。相信很多读者读到这里，都会觉得它很像夏目漱石的《三四郎》中的情节，也许作者就是想启发读者对两部作品进行比较。[42]

在《三四郎》的开篇，从熊本高中毕业的三四郎为考入东京帝国大学（现在的东京大学）而坐火车赶往东京，途中他遇到一个皮肤黝黑的女人，女人的特殊肤色不禁让他联想到故乡——九州。后来，两人需在列车经停的名古屋过夜，而女人不愿独自过夜，于是三四郎不得不跟她住进了同一个房间。当晚女人使尽花招勾引三四郎，比如趁三四郎洗澡时给他擦背，甚至还睡进了三四郎的被窝。尽管各种诱惑让三四郎局促不安，但他始终未做出回应。次日当两人在车站分手时，女人对三四郎说，“你可真是个胆小鬼啊！”随后淡然一笑了之。

也许是机缘巧合，《三四郎》的英译版序言正出自村上春树之手。接着刚才的故事，三四郎与女人分手后，在火车上又遇到一位颇有教师气质的蓄须男子（就是后来的广田老师），他对三四郎说，“从心理学角度而言，这个国家的一只脚还深陷在前现代世界中。”[43] 村上春树认为，夏目漱石小说中的主人公大都处于前现代与现代的夹缝中。当然，作家自身也是如此，因此夏目漱石小说的主题就是前现代与现代之间的矛盾与纠葛。

村上春树在序言中指出，《三四郎》中并未流露出作家在后期所面临的烦恼。诚然，三四郎所表现出的得过且过与妥协的态度不仅让人惊异，也引人发笑。例如，他刚进入大学时听闻毕业生找工作的种种遭遇，一下子感到“沉重的未来压到了自己肩上。然而，很快他又会忘记此事”。[44] 当他从图书馆借书时，会用铅笔在书上做出标记，以证明自己看过这本书；当他正烦恼于看不完这些书时，忽然发现窗外正有乐队经过，于是他便丢下书本出去散步了。由此可知，在自由、散漫的三四郎身上完全看不到现代人表现出的功利性及拘束性。

与《斯普特尼克恋人》相比，《三四郎》的开篇故事所表现出的现代意识仍与前现代世界有着千丝万缕的联系。对于意在成为现代人的三四郎而言，那个让他想起故乡的女人正是纠缠三四郎的前现代世界的化身。那么，三四郎对此又作何反应呢？如果他毫不犹豫地接受了女子的引诱并与之发生关系，就代表着他与故乡及某个组织仍有联系。这就像某些古村祭谢回乡的客人时允许其与村内妇女私通一样，在前现代世界中个体对性的抵抗力最为薄弱。同时，“祭谢”一词并非仅指性关系，也象征着某种神力或超自然力量。前现代的重要特征之一就是个体对生与死、自然与超自然之间的连通性深信不疑。

然而，意在成为现代人的三四郎丝毫不留恋这种生活方式，他追求人格的完整性与延续性，想对自己及他人负责，因此他不会为了眼前这点诱惑而赌上自己好不容易得来的一切。他决不允许自己为了片刻欢愉而接受这个萍水相逢的女人，这种露水情缘不仅让他产生罪恶感，也会撼动他的自尊心。三四郎所表现出的罪恶感、自我意识、内心的矛盾与不安以及由此产生的自我反省均是现代意识的明显特征。其中，罪恶感来源于自我批判，而内心矛盾则来源于自我冲突，这些都是临床精神病患的典型性心理活动。而且，自明治时期时就被日本文化吸收的“浪漫爱情”一词[45]也给男女交往制造了诸多障碍。当三四郎乘坐的火车停在滨松站时，一对洋人夫妻不顾暑热牵手而行的样子深深吸引了他，他的目光中不仅有好奇还有些许憧憬。“所谓爱情就是毫不犹豫地为对方献出自己的一切”——这种浪漫主义爱情观已经开始在三四郎的脑中萌芽了。

对待女人的勾引，三四郎没有做出本能反应，而是有意禁止自己妄为，这一点着实耐人寻味。前现代世界中的人与人及灵魂与灵魂之间是相互渗透的，而现代意识中的道德感及界限感则起着主导作用。正因如此，那些让人心生向往的事物往往是可望而不可即的。夏目漱石在作品中着意刻画了一些让人可望而不可即的女性形象。例如在《三四郎》中，三四郎最终也没能与美弥子结成连理。不过，正因为有了对美弥子的爱，一直无所事事的三四郎才找到了自己的归属点并发现了自我价值。

《三四郎》与《斯普特尼克恋人》2——后现代意识

那么，《斯普特尼克恋人》中的“我”与三四郎究竟有何不同呢？“我”与偶然在电车中结识的一个女人相谈甚欢，恰巧两人又同在金泽站下车。由于我未预订宾馆，女人便邀我去她订的房间同住。她说“无论住一个人还是两个人，支付的房费都一样”。然后文章在此分段并在下一段突然写道，“想到今晚将初尝禁果，我一下子紧张得说不出话。”[46] 这里的“我”不同于《三四郎》中的“我”，当“我”与那个女人住到一起后便毫不犹豫地发生了关系。刚开始“我”还十分紧张也多少有些犹豫，然而当两人第二次发生关系时，“我”感到，“整个过程非常流畅，已经达到了心神合一的境界。”次日清晨，“我”与女人一起吃了早饭，然后两人就挥手告别了。书中写道，“她继续她的旅程，而我也要继续我的旅程。”当两人分手时，女人微笑着告诉“我”，两个月后她将和单位的同事结婚，而且对方人也很好。[47]

可以看出，《斯普特尼克恋人》与《三四郎》不同，无论女人、男人都处在一种毫无“道德规范”的状态中，因此可以迅速与对方建立起某种联系。存在于三四郎脑中的道德规范使他得以抗拒女人的勾引，而《斯普特尼克恋人》中则完全省去了充满期待、诱惑、犹豫的场景，而直接过渡到性关系。它仿佛梦境碎片或被剪辑的电影片段一样让人猝不及防，这也进一步揭示出当事人对此事（性关系）的满不在乎。当代很多小说中都流露出类似的意识形态，如前章所提到的偶发式遭遇，这种产生于后现代意识的关系大都缺乏交流、筹划等间接因素，而具有突发性、直接性的特点。当《斯普特尼克恋人》中的“我”与女人发生第二次关系时，两人虽偶有交流，其内容也不外乎性爱技巧之类。对他们而言，直观的肉欲最为重要，就像《天黑以后》中提到的让－吕克·戈达尔（Jean-Luc Godard）的电影《阿尔法城》中的对白——“这是一种无需爱情与反讽的性”。[48]

从现代意识的角度而言，不仅“我”的表现令人惊异，就连那个女人也未表现出丝毫的纠结情绪与罪恶感。纠结感与罪恶感来自于个体的自我责任感，而后现代意识与自我责任感之间毫无关联。同时，纠结感与责任感也是个体进行自我对话与自我抗争的结果，是以自我关系为特征的现代意识的具体表现。然而，后现代意识中并不存在这种自我关系，个体思想中的不同要素都处于崩解、孤立的状态。就像故事中的女人，她一边准备结婚，一边却与“我”发生艳遇。虽然这两件事是同时发生的，却并未让她产生任何纠结。而且，女人还将婚讯告诉了“我”，可见她对艳遇对象是毫不隐瞒的态度。

这就像我们看到的犯罪相关的新闻报道，无论多么不可思议、惨无人性的案件，如果了解其中缘由，相信很多人都能理解整个案情。比如有些女性在结婚前会因结婚恐惧症而嫌弃对方，有的甚至因为想报复对方而寻找艳遇。也许故事中的女人在“我”身上看到了自己未婚夫不具备的特点。《斯普特尼克恋人》中的相遇没有缘由、没有纠结，因此显得缺乏故事性。只是两个分散、孤立的个体在偶然相遇时，自然而然地发生了联系，而且事后又会若无其事地分手。故事中的“我”显得缺乏自主性，虽然与女人过了一夜，却并未感觉到对女人的欲望与不舍。这种随波逐流的态度完全不同于三四郎矛盾、纠结的心理。

《斯普特尼克恋人》中的男女个体完全舍弃了现代意识中的道德感与自尊心，他们能在相识不久后立即发生关系，就说明他们的意识形态已退化到前现代意识的水平（如之前提到的古村落的祭谢习俗）。当然，前现代世界中的男女关系不会如此简单直接，而是一种颇为神圣而高尚的行为。例如在古代中东地区，女人在结婚前常作为女神的化身与来圣殿祭拜的陌生男人发生性关系。[49]可见，即便是与陌生人之间的性关系，也具有一种神圣的仪式感。然而，《斯普特尼克恋人》中的男女关系并无神圣感可言，完全是肉欲的表现。因此，用“后现代意识”来定义这种脱离了现代意识及现代恋爱关系的意识形态更为准确。

后现代意识之众生相

通过对比《三四郎》的开篇故事与《斯普特尼克恋人》的插叙故事可以发现，后现代意识并不认同产生于现代意识的道德感、罪恶感以及矛盾心理，因此孤立的个体之间可以随时发生直接性的联系。由于前现代世界中的个体承认自身与世界、宇宙、自然、故乡及祖先的联系，因此会用故事及神话来解释灵魂及他界。那么除了解离、遭遇及直接性关系之外，村上春树作品中的后现代意识还有哪些表现形式呢？具体而言有如下几种：

脱离组织

现代意识的特点是个体脱离由组织、自然及神话组成的前现代世界，从而实现自身独立，正如《1Q84》中的青豆与天吾挣脱父母及宗教组织的束缚一样。虽然两人的目标是独立，但他们表现出的抗争与排斥却进一步说明了个体与父母及组织尚有联系。患有交往恐惧症的人害怕邻居、同学的目光与议论，而恐惧心理恰恰从反面证明了个体与组织的联系。[50]从心理学角度而言，那些经常与父母发生争执或对父母心怀不满的人往往通过抗争的方式来加强与父母的联系，其目的就是要提升自己在父母心中的存在感。因此，以纠结与抗争为特征的现代意识不可能彻底实现个体的解放，而个体形成现代意识的过程也没有终点。

与之相比，后现代意识中的个体无须解放，因为他们已处于脱离组织的分散孤立状态。当个体为争取独立而进行抗争时，首要对象就是家庭，然而《斯普特尼克恋人》中的“我”似乎没谈起过任何关于家庭的事。对此，文中写道，“我生长在一个普通的家庭中，因为我的家太过平常，不知道该如何描述。”[51]在村上春树作品中，很多人物出场时就是一种与家庭无关联的孤立状态，这在《奇鸟行状录》之前的作品中表现得尤为明显。无论是《且听风吟》中的“我”还是《挪威的森林》中的“我”，都是独自生活的状态，虽然《寻羊冒险记》中的“我”结了婚，却又很快离婚重回一个人的状态。村上春树作品中的后现代意识甚至无法让个体在脱离组织后保持稳定的孤立状态。例如《天黑以后》的开篇就选取了高空俯瞰的视角，“整座城市一下映入我的眼帘。我们就像翱翔于夜空的鸟儿一样，俯瞰着整个城市。”[52]

可见，作品中的个体不仅丧失了与组织的联系，就连个体自身也是漂泊不定的，他们脱离地面在空中游荡。

唯一性与任意性

前现代世界承认事物的唯一性与个体的自我满足感。有些地方流传着一种“供奉针”的习俗，即把那些不能用的针供奉起来。当地人相信针也有属于自己的灵魂，即便不能使用也需将其灵魂送往他界。在日本有这样的俗语——“一寸虫也有五分魂魄”，也是这个意思。此外，村上春树作品对前现代世界观及其消亡过程也做过精彩描写，例如《一九七三年的弹子球》中就有一段给配电箱举行葬礼的内容。在印尼的巴厘岛上，至今仍有供奉各种物品（包括电子产品）的习俗，也是前现代世界观的具体表现。我们可将前现代世界观中的唯一性理解为对物品的“珍视”，由于每件物品都有自己的灵魂，因此“珍视”一词的对象不仅指所有者与使用者，也暗指物品自身的价值。

笛卡尔在《方法论》一书中提出“我思故我在”的观点，即人们通过感觉、观察、想象的过程而否定物体自身及其灵魂的存在，唯一可信的只有思考的主体——人类。由此可知，现代意识不再承认物品的灵魂，只把其当作人类的认知对象。此时，原属于物品的唯一性已转移到人类主体身上，即我所具有的唯一性。然而，主体自身是无法获得满足感的，需借助各种物品及对象来填补自身缺陷。主体通过获得对象来再现自身的整体性，进而提升自身存在感，夏目漱石眼中的“浪漫爱情”就是典型事例。对三四郎而言，美弥子是唯一的恋爱对象，而《从此以后》中的主人公代助的恋爱对象只有三千代。

然而在后现代意识中，无论物品还是人类主体都已丧失了唯一性，因此《天黑以后》的开头选取了高空俯瞰的视角，意在表现出地面上的抽象、无名个体。随后，故事的视角又突然转到了Denny’s餐厅，店里的一切物品都不是唯一的，均可用来交换。然后，故事的焦点就集中到主人公浅井玛丽身上，很多读者不禁要问“为什么是她而不是其他什么人呢？”作者正是通过这种手法表现出设定人物的随意性，因为在这里一切都不是必然的。

故事中的玛丽既是主体也是对象，同时也是主人公之一，其存在方式的随意性可见一斑。同时，主体也承认对象的随意性与可交换性。虽然《1Q84》中的青豆在寻找一夜情对象时比较在意对方的发量与脑形，但这些条件也是可以交换的，她只需在下次一夜情时找到心仪的对象即可。正如《挪威的森林》中渡边对直子的感受——“她想要的并非是我的肩膀，而是随便哪个人的肩膀。”[53] 此外，《寻羊冒险记》中还有这样的情节：当“我”询问一个右翼领袖的司机为何轮船有名字而飞机却没有名字时，司机发表了一通长篇大论，其结论就是给轮船、车站取名是因为这些东西“没有交换价值”。对此，“我”反问道，“如果车站也能直接交换，我说的是如果，那么所有国有电车车站就会变成量产的可折叠式车站，如此一来新宿站和东京站不就可以交换了吗？”[54] 由此可见，后现代意识中的一切都具有可交换性和随意性。故事中的“我”最后得出结论：当主体忘记了自己的名字时就会转化为对象，此时的主体也同样可以交换。

整体性与局部性

然而，这种漂浮不定、变幻莫测的世界极易引发混乱，让人难以适应。因此，后现代意识要寻求一种不同以往的存在方式，例如局部后现代意识。

“浪漫爱情”主张为对方献出自己的全部，而后现代意识中的个体丧失了人格的完整性，就连“性”也成了一种分裂的局部性存在。在《海边的卡夫卡》中，阿樱为了满足少年卡夫卡的性欲曾说过，“这种事只是身体的感官需要，没什么大不了。”[55]同样，《1Q84》中的青豆在寻找一夜情时，在意的只是对方的年纪、发量与脑形。文中写道，“从青豆不满二十岁时，就毫无缘由地对那些发量较少的中年男人情有独钟。（中略）当然，头发也不是越少越好，首先脑形要漂亮。”（BOOK1，104 页）可见，她根本不屑与对方交谈，更不在乎对方的人品如何。有一次，当对方（一夜情对象）跟青豆喋喋不休时，她心里不禁嘀咕，“大叔，你的工作跟我有一分钱关系吗？！”（BOOK1，108 页）青豆想要的只是与对方发生性关系，让局部感官获得满足即可。

村上春树作品对局部性，尤其是身体的局部性尤为重视。例如《寻羊冒险记》中就出现了一个“俏耳朵”女模，她全身上下只有耳朵最引人注目。在《奇鸟行状录》中，“我”对失踪的妻子久美子的描述是“少言寡语，很爱画画，生有一头漂亮的直发，在左肩胛骨上长着两颗黑痣”[56]。

村上春树作品中的主体及对象均表现出局部后现代意识，由于主体丧失了现代意识中的完整性及唯一性，因此主体自身也成了一种局部性存在。青豆在执行暗杀“先驱”领袖的任务时下定了必死的决心，“说起来有些不可思议，对于她而言，唯一不想失去的可能就是这一对贫瘠的乳房。”（BOOK2，112 页）这里，主体自身成了一种可以用乳房取而代之的局部性存在。

这种局部后现代意识还见于主体对自身的妥协。无论天吾从情妇身上、青豆从一夜情对象身上获得多大的快感，也只是局部的感官感受。他们在有所保留的同时，仅用身体的一部分与对方发生联系。在《挪威的森林》中，渡边与直子第一次发生关系时的情景也与此类似——“虽然我正在与你发生性关系，虽然我进入了你的身体，但一切不过是身体的交合而已，没有意义也不必选择对象。”[57]

在后现代意识中，即便主体想在保持自身完整性的基础上与对方发生联系，也难免自身碎片化、游离化的结局。例如少年卡夫卡无意中杀了自己的父亲，以及《斯普特尼克恋人》中的敏在缆车中遥望公寓中那个放荡的自己。即便主体抗拒局部后现代意识，也终会陷入同样的结局。正如我们经常提到的后现代意识的常见特征——主体的碎片化。[58]

含义化与符号化

上文中提到，《1Q84》中的青豆喜欢发量少、脑形好看的男性，那么这些特点又意味着什么呢？从心理学角度而言，喜欢年长男性的青豆可能有恋父情结。阿步认为，青豆曾有过性方面的创伤，所以才会不断与陌生男人发生一夜情。心理学中有“强迫受害”及“认同攻击”的概念，即指受害者在潜意识里会要求与施害者相似的人不断对自己施加伤害。

然而，这些常规的心理学理论并不能充分解释青豆的行为，青豆选择对象的标准并无特别含义，仅是一种符号而已。对于青豆而言，只要对方能与她发生性行为，其他一切都不重要。所谓“发量少”“脑形好看”的特征仅是为了提醒自己不要陷入乱交而已。

加藤典洋曾就“Metaphor”（隐喻）与“Metonymy”（转喻）进行过比较[59]，但用此理论却很难解释村上春树作品的象征性及隐喻性。如果村上春树作品中的人物都有象征性的话，那位年长于天吾的有夫之妇可能象征着天吾的母亲。不过，仅用象征意义来定位所有人物依然无法充分解读村上春树作品。

因此，当有人问到《海边的卡夫卡》中的“Johnnie Walker”及“Colonel Sanders”（肯德基创始人）究竟有何含义时，村上春树回答，“那些只是符号而已。”[60]如果用荣格心理学理论来解释这些图像或符号的象征意义，也只能从个体的家庭关系、成长经历等方面入手，并不能充分解释村上春树作品中的后现代意识。村上春树作品中的图像、名字就像网名及网络虚拟形象一样仅是一个符号，过分追求其象征含义反而会陷入混乱。

在缺乏象征性的随意世界里，同样可作为符号或记号的数字起到了标定作用。很多村上春树作品对时间及数字的描述都非常精确，比如《天黑以后》中的时间甚至精确到了分秒，《寻羊冒险记》的第一章名为“走十六步”以及《奇鸟行状录》中的加纳克里特因自杀未遂而需支付的“136.4294 万日元”的外墙维修费。半田淳子认为机械的数字象征着机械的个体[61]，如《且听风吟》中的一段文字——“从 1969 年 8 月 15 日到 1970 年 4 月 3 日的时间里，我一共上了 358 次课，做了 54 次爱，抽了 6921 根烟。”[62]在缺乏象征性的世界里，一切都是飘忽不定的，只有数字才能给这个毫无意义的世界带入些许归属感，无论现代世界还是后现代世界均是如此。

自我关系与置换关系

具有象征性的现代意识的特征之一就是个体与自我的关系，即个体通过自省而产生道德感，有时甚至将与自身无关的事物也转嫁到自己身上。让夏目漱石倍感苦恼的社交恐惧症就是此种案例。然而，后现代意识世界缺乏自我归属感，就像青豆的那些一夜情对象一样逐个消失不见了。正因为她缺乏与自我的联系，所以才无法与对方建立联系。对此，天吾是有所察觉的，他曾这样指责父亲——“你为什么不会爱自己？那是因为你根本不会爱别人！”（BOOK2，178 页）

在后现代世界中，无论个体与自我还是个体与他人的关系都缺乏归属感，正如青豆对 Tamaru 所说，“压根就没有什么‘自我’”（BOOK2，77 页）。现代意识中的个体对自我有着强烈的归属感，而后现代意识中的个体却丧失了这种归属感，同时他人也无法让他们产生归属感，因此个体无法实现自我回归。

那么，后现代世界中的个体与自我是什么关系呢？基本而言是一种“转喻”关系，也可称其为“置换”，即从一个对象滑向另一个对象或是相似事件的不断重演。即使青豆不停变换一夜情对象，也只是同样故事的不断重复。此外，她在与不同男人约会时进行变装，也说明她已失去自我，无法回归自我。在《奇鸟行状录》的开头，当“我”的妻子突然失踪后，“我”接到了一个性骚扰电话，那电话既像是妻子打来的又不像是妻子打来的，总之当妻子被置换时就已失去了她的原有属性。另外，《海边的卡夫卡》中的佐伯也是如此，从心理学角度而言这个人物可能象征着少年卡夫卡的母亲，但母亲被置换成佐伯的同时就已不再具有原来母亲的属性。如果忽略佐伯的这种象征意义而把她直接当成母亲，是不可能真正理解这部作品的。

不同于置换关系的另一种关系是个体与自我的分裂与对立，其根本原因在于个体与自我缺乏联系而引发的置换。镜子最能有效表现出个体与自我的关系，因为人们只有通过镜子才能看到自己。正如段义孚（华裔美国地理学家）所言，西方人对私人空间及室内装饰的重视源于他们对自我需求的关心，因此墙面镜从十七世纪末开始普及起来。[63] 有时，心理学家也被比喻成患者的镜子，能让他们充分看清自己并认识自己。然而，《天黑以后》中的镜子却略有不同，当玛丽从“Sky Lark”卫生间的镜子前离开后，镜子里却依然映出她的身影，而且镜子里的玛丽在看着现实中的玛丽。[64] 另一主要人物白川在照完镜子后，镜子中也另有一个白川在看着他。[65] 由此可见，从个体分裂出的另一个自我无法实现自我回归，只能保持一种独立存在。

《天黑以后》中取代镜子的另一主要道具就是电视。在长眠的惠丽的房间，一个白川模样的男人正通过电视机看着长眠的惠丽。电视是现代意识主体观察世界的主要工具，然而这里的电视机却在窥视着长眠中的惠丽。在之前的章节，惠丽并未出现在自己床上，而是出现在电视画面中的白川的床上。由此可见，主体意识不仅无法实现自我回归，甚至还会轻易转移到对方身上。

毫无界限感

《天黑以后》中的电视机象征着毫无界限感的主体意识。在村上春树作品中，这种超越界限的描写尤为常见，例如《奇鸟行状录》中的“穿墙”一节。禁忌与界限是现代意识的主要特征，夏目漱石认为，爱情的珍贵之处就在于有所顾忌。正因为现实是清楚而明确的，所以梦境才显得清晰。例如，西方历史中的梦幻浪漫主义与理性的启蒙思想就是互为表里的。

与之相比，村上春树作品中梦境与现实之间的界限就显得模糊不清，就连访谈录《为梦而醒》的题目也透露出村上春树对于梦境与现实之间的区别的不确定性，《奇鸟行状录》中的这种不确定性尤为明显。主人公冈田亨（即“我”）与加纳克里特在梦中发生过两次关系，而加纳克里特却清楚地记得这件事。当“我”发现赤裸的加纳克里特钻进自己的被窝时，不禁发出疑问——“这究竟是现实还是在做梦？如果搞不清顺序就完全混乱了。”[66]

此外，村上春树作品中现实与假象的区别也显得很模糊。如《舞！舞！舞！》中，“我”的朋友五反田利用公款招嫖，一个名为“May”的高级妓女对他说，“这种事如同高雅音乐一样能抚慰你的心灵、放松你的身体，让你忘却时间。”然而，“我”却认为，“所有一切不过是假象，一旦按下开关一切都会消失。无论是立体的性感画面、醉人的香水味、柔软的肌肤还是温热的呼吸……”[67]可见，梦境变成现实的同时，现实也就不复存在了。

当代社会中互联网的迅速普及造成了现实与假象之间的界限感缺失，这也是后现代意识的显著特征。“界限”能在造成分离的同时产生联系，一旦丧失了界限，就会阻断现实与假象、真实与梦境之间的联系。《眠》就讲述了一个无法入睡的女人，对她而言现实与梦境之间是隔绝的。女主人公的丈夫是一位牙科医生，她已经连续 17 天没有睡觉，只是在不停地读着长篇的俄罗斯小说。另外，以一整晚发生的故事为主要内容的《天黑以后》也通过玛丽与惠丽两姐妹的视角，描绘出了两个互相隔绝的世界，即夜晚的不眠世界与另一个长眠世界。

村上春树与当代意识

将村上春树作品中的意识形态定义为后现代意识是基于其作品的特殊性，无论是穿墙而过的情节还是连续 17 天无法入眠的女人都只存在于小说世界中。

村上春树作品的杰出之处就在于它总能捕捉到当代最前沿的意识形态。日本人的现代意识从明治时期（1868—1911）起开始萌芽，同时日本人也患上了社交恐惧症。“社交障碍”的国际诊断标准是个体对于社会或人群感到焦虑不安，而“社交恐惧症”则指个体在日常交往（如邻里、同学之间的交往）时表现出的恐惧不安，后者在欧美并不常见。邻居、同学象征着个体与组织之间的联系，而现代意识中的个体旨在脱离组织、实现独立，因此会对之前的温室型组织产生排斥，由此便引起了社交恐惧症。由于欧美已完成了个体独立这一历史性课题，因此很少出现社交恐惧症。近年，常见于日本人的社交恐惧症也逐年呈减少的趋势，然而主体意识解离及发育障碍等病症却从 20 世纪 90 年代开始呈上升趋势。很多心理治疗专家发现，多数治疗对象都表现出缺乏自省或主体性的特征，这也动摇了心理治疗的基本架构。[68] 个体的矛盾心理、罪恶感及主体性是现代意识的主要特点，而村上春树作品中的后现代意识均已丧失上述特点。同时，村上春树作品在世界文坛的巨大影响力也从另一侧面说明了作家对新型意识形态的高度敏感性。

第五章

神话世界及其幻灭

多数村上春树作品着重描写前现代世界，尤其是前现代世界中此岸与彼岸联系的消亡，即过去的一切不再具有任何意义。这导致了前现代意识以某种暴力形式爆发出来。

前现代与后现代

村上春树作品在讨论当代日本人意识形态的时候，已脱离了现代意识的范畴而转向后现代意识领域。西方国家深受一神教影响，尤其是强调精神世界的基督教整整影响了欧洲两千多年的历史，而现代意识正是通过打破这种前现代世界观才得以建立起来。公元 723 年，圣波尼法爵砍倒了多瑙河畔献给索尔神的圣橡树就是最典型的事件。[69] 索尔神是北欧神话中的重要神灵之一，该事件象征着个体对神灵及圣树的全盘否定。这就好比春日大社（位于日本奈良县奈良市）的神木被砍倒一样，简直是不可想象的事。然而，人们的意识形态不会因为砍倒一棵树而被轻易改变。例如，中世纪的“赎罪规定”中就列举了很多被禁止的自然信仰。伯查德的“赎罪规定”的第六十六章禁止人们在教堂等宗教设施之外的地方祈祷，具体的赎罪方式是“去往摆有蜡烛、松明的泉石边、树下或十字路口处，供奉上面包等祭品，就能治愈身体及心灵的创伤”。[70] 可以看出，当时的人们对自然神灵及神力还是相当信服的。为确立现代人类的主体地位，他们必将在漫长历史中与这种自然神力进行反复角逐。

在当代日本人的思维意识里并不存在古代的世界观，其意识形态形成也经历了多种历史性演变。有研究指出，《万叶集》中收录的大伴家持（718—785，日本政治家）的诗就流露出早期“万叶诗歌”中所没有的个人主义色彩。[71]而且，兴起于日本中世纪的能剧、茶道等艺能虽不同于西洋艺能，却实现了某种程度的自我表达。能剧是一种类似于巫术附体式的表演，而“梦幻能”则通过配角的梦境来再现神灵。自明治以后，完全不同于这种渐进性历史变迁的西方现代意识对日本的自然科学及社会制度等领域产生了巨大影响，以知识分子为首的很多日本人都对其抱有浓厚兴趣。如果日本人的现代意识真如村上春树作品所描述的那样，在短短百余年的时间里就半路夭折，那说明这种现代意识并不同于历经两千年历史的西方现代意识，同时也说明前现代意识在日本仍然有迹可循。

正如前章所述，村上春树作品中的后现代意识的特征是直接性关系、梦境与现实的模糊区别以及毫无界限感。这也从侧面揭示出村上春树作品的意识形态与现代意识的不相容性，与其称之为后现代不如称之为前现代模式。村上春树曾就《海边的卡夫卡》说过，“《雨月物语》所描绘的现实与非现实是接踵而至的，因此人们对其中的界限并不十分敏感，也许这也源于日本人固有的一种心理。”[72]村上春树作品中的现实与非现实、梦与醒之间的界限之所以能被轻易逾越，就是由于主体受到了前现代意识的影响。归根结底，村上春树作品的有趣之处不在于它描绘了一个飘忽不定的后现代世界，而在于它通过跨越现代而实现了前现代意识的大爆发。如果说夏目漱石描写的是前现代与现代之间的纠葛，那么村上春树则描写了前现代意识与后现代意识的解离，这也是造成村上春树作品两重性的根本原因。

前现代世界——“小人儿”与空气蛹

《1Q84》中最具前现代感的就是“小人儿”（Little people）。书中人物深绘里写过一本名为《空气蛹》的小说，故事中的少女被人关进仓库，陪伴她的只有一只死山羊。此时，从山羊嘴里出现的小人儿通过空气结丝而制出空气蛹。这里的小人儿象征着另一世界的精灵。故事的主人公是一个十岁的少女，生活在山中的某个“部落”。部落里的人们过着与世隔绝、自给自足的生活。对深绘里而言，这个部落象征着她所隶属的宗教组织——“先驱”，该组织无异于当代世界中的人工式前现代孤岛。另外，作者用故事套故事的手法再现这样的前现代世界也显得饶有趣味。《1Q84》中的《空气蛹》就像那些环环相套的梦境一样描绘出了一个更具深意的世界，而故事中的仓库在这个部族中显得更加孤立而隐秘，象征着村上春树所言的“地下二层”或“隐秘的异空间”。

故事中的少女被指派去照看山羊，却因一时疏忽而导致了一只瞎眼老山羊死亡，为此少女受到的惩罚是与这只死山羊一同被关进仓库。此时的惩罚象征着十岁期向成人期过渡时必经的试炼。很多前现代部族都存在类似的试炼仪式，年轻人会被关入一个秘密场所，并被要求学习神话及祖训等与另一世界有关的种种“知识”。当故事中已死了三天的山羊突然张开嘴时，一个个小人儿便依次从它嘴里走出来。然后，他们在空气中结丝做巢（即空气蛹），同时少女也帮助了他们。天一亮，这些小人儿便返回了自己的世界。

当空气蛹即将完工时，少女的受罚期限也将满，她又恢复了普通生活。然而，少女并未忘记空气蛹，当她按照梦中小人儿的指示来仓库查看空气蛹时，却在蛹中发现了另一个自己。少女本人为“母亲”，而蛹中的少女为“女儿”，这里隐喻的正是前现代世界里的巫师试炼。所谓“巫师试炼”是指未来世界的巫师变成头颅后从斜上方看着自己的身体被动物分解。这种试炼暗指人类从他界或彼岸世界认识自身的过程。

这些小人儿不只出现在《空气蛹》中，无论是逃离“先驱”组织的小翼、濒死的天吾父亲还是死掉的牛河身边都出现过这些小人儿。除了少女小翼之外，其他人再加上那只死山羊都以一种“活祭”方式再现了小人儿的世界。小人儿制作空气蛹就是为了将那些脱离前现代宇宙的孤立人群重新包裹起来。

故事中的“小人儿”像是一种精灵，故事中被放大的前现代世界与另一世界的精灵发生了联系。不仅是《1Q84》中出现了关于山羊的情节，在《寻羊冒险记》中也描写了主人公与羊的特殊关系。故事里的羊首先附体在一个农业官员的身上，当男主人公因调查放牧情况而在山洞里过夜时，这只羊便出现在他的梦中并附在他身上，后来主人公变身为“羊博士”。有趣的是，山洞中的羊灵显现与《空气蛹》中小人儿出现的情节极其相似。后来，这只羊脱离了“羊博士”附在一个身陷囹圄的右翼青年身上，后来青年成了右翼首脑，暗中操纵着战后日本的政治、经济及信息命脉。最后，这只羊附在了“我”的朋友“老鼠”身上。在前现代世界中，巫师掌握着具有守护性的动物神灵，正如图腾信仰用某些动物来象征祖先的神灵一样，故事中的羊也是一种动物神灵。此外，书中以中国大陆及北海道内陆（十二泷町）作为羊灵出现的地方也显得别有深意，因为这些地方具有“隐秘的异空间”的特质。

水平关系与垂直关系

如上所述，前现代世界的特征就是此岸世界与彼岸世界及超越性世界的联系。那么，彼岸及超越性的具体含义是什么呢？思想家中泽新一认为，“所谓超越性是无法套用经验的，是不受人类感情、经验所影响的自由领域。”[73] 现代意识中并不存在彼岸世界及超越性世界，尤其是启蒙主义更将两者作为迷信形式加以否定。然而，前现代世界观不仅认可两者的存在，还将神话及宗教仪式作为其具体表现形式。民俗学家折口信夫研究的“稀客神”（来自异乡的祝福之神）及“翁面”（日本能剧中的舞曲）也是彼岸世界的另一种表现形式。

在《1Q84》中，当青豆来到一家宾馆刺杀“先驱”领袖时，后者对青豆讲起了弗雷泽的《金枝》。书中提到，古代帝王通过“倾听”来实现统治，因为他是连通地上世界与地下小人儿世界的通道。此处，作为邪恶代名词的小人儿与“先驱”领袖的角色设置发生了微妙变化。

如“先驱”领袖所言，原本互相连接的此岸世界与彼岸世界在当代断绝了联系，就像村上春树作品所表现的个体孤立、内心解离的状态。天吾与青豆之所以如此孤独是因为他们失去了与超越性世界或彼岸世界的联系。反之，正是这种失去导致了前现代意识以另一种意想不到的形式爆发出来。

对荣格而言，“结合”是重要的心理学概念，他将阿尼玛与阿尼姆斯作为两个理想的异性形象。荣格晚年对炼金术进行研究时，也以“结合”为最重要的课题。然而，荣格感兴趣的并不是人与人或是人与理想异性的结合，而是“当代社会重要联系的消亡”[74]，即此岸世界与彼岸世界、现实世界与超越性世界之间关系的缺失才是当今社会问题的症结所在。

由此推知，青豆与天吾的孤立状态并非是缺乏水平联系（即人与人的联系）所致，而是源于1Q84这个异度世界。由于这个世界丧失了与超越性世界及彼岸世界的联系才导致个体出现上述问题。整体性及组织性的缺失是当今社会的主要议题，然而此类问题不应仅停留在生者层面，也应包含生者与逝者之间的关系。

很多村上春树作品都描写了前现代世界及彼岸世界的消亡，这也间接证明了作家对这个消亡世界的理解。他通过作品再现这样的世界，也是对这个无法重归的世界的一种哀叹。下面我将依次举例论证。

物之灵性的消亡

首先，以物之灵性为例讨论一下前现代世界的消亡。村上春树作品中描写过物之灵性消亡的相关内容，例如《一九七三年的弹子球》就是一部充满怀旧伤感气息的作品。该作品描写的不是个体性消亡，而是历史性物品灵性的消亡及其安葬过程。首先，小说刚开始的一节仅有一句话——“这是一篇关于弹珠的小说”。其实,作者在此节之前写道,“这是一篇关于‘我’和一个名为‘老鼠’的男人的故事。”一般而言，该故事的主人公应该是“我”或者“老鼠”，然而弹珠却是书中的特殊“主人公”，这正是我最感兴趣的地方。

除了弹珠之外，书中描写的埋葬老旧配电箱的情节也涉及物之灵性这一主题。故事中的“我”与一对双胞胎姐妹住在一起，某个周日电话局派人来住处更换配电箱，而工作人员忘了拿走换下来的旧配电箱。于是，“我”按照双胞胎姐妹的提议在蓄水池给旧配电箱举行了葬礼。葬礼中“我”一边朗诵着康德的名言——“哲学的义务就是消除人们因误解而产生的幻想”，一边为配电箱默默祈祷，然后使劲将它投入水池中。[75]

与此类似的还有一个关于无人灯塔的故事。从前那些出海的渔船一直在使用这个灯塔，然而随着海洋环境恶化，鱼越来越少，渔夫们不得不离开大海。于是，那些停在岸边的破旧渔船沦为了孩子们的游戏场，就连那座灯塔也无人问津了。虽然这里并未描写对灯塔的追悼仪式，但依然能感受到作者对那些消亡物品的怀念之情。同时，物品消亡也关乎自然的消亡。

下面开始关于弹珠的故事。在神户的一家名为“Jays”的酒吧里有一台叫作“太空船”的三舵式弹珠机，而“我”在东京的一个电玩城里看到了与“太空船”同款的弹珠机，随后便沉迷其中不能自拔。为了玩弹珠，“我”不仅很少去上课，还将打工赚的大部分钱都花在了弹珠机上。对此，书中写道，“她是无与伦比的，这款三舵式弹珠机……只有我能理解她，也只有她才能理解我。”[76]然而，这种“蜜月期”并未维持多长时间，某天电玩城突然要被拆除，所有游戏机都消失了，“我”也因此中止了玩弹珠。不过，“我”总感觉那台消失的弹珠机在呼唤自己，于是“我”不停地寻找着同款弹珠机。后来，“我”通过一名西班牙语老师而得知那台本应被处理掉的弹珠机被一位疯狂玩家买走了。随后“我”独自找到了那位玩家，并在对方家里看到了78台弹珠机，最终“我”找到了那台魂牵梦绕的弹珠机。书中描写“我”与弹珠机重逢时的情景有多达数页的对话，让人印象十分深刻。这里的对话并无他人介入，完全是主人公与物品灵魂的交流。对话以“我”的一声“嗨！”开头，以弹珠机的回答结尾。

“她说，你最好还是走吧。”

“屋里的冷气的确很冷，我不觉发起抖，随即踩灭了烟头。谢谢你来看我，她又说道。我说，我们可能就此永别了，你要保重啊，谢谢你，再见！”

“随后我便离开了这些弹珠机，走上楼梯并拉下了电闸。那台弹珠机如同坠入真空般一下就没了声响，静静地进入了长眠。”[77]

值得注意的是，有灵性的配电箱、灯塔以及弹珠机都并非传统物件，而是极具现代感的物品。过去的日本人认为，碗筷、枕头及针线盒等都有灵性，葬礼上还有把逝者用过的碗打破的习俗，可见物品灵性与主人的灵魂有着某种联系。[78] 此外，《一九七三年的弹子球》中的某些科技产品也是有灵性的。

书中的配电箱、灯塔、弹珠机等都是一些过时无用的东西，而作者想阐述的并非是如何处理这些废旧物品，而是在暗示物之灵性的消亡。

《奇鸟行状录》中的前现代世界及其消亡

《奇鸟行状录》是一部最具前现代感的长篇小说。无论是超越现实与非现实界限的穿墙情节，还是梦境与现实的交错出现，都流露出浓厚的前现代情绪。这里以在蒙古发生的故事为例，由间宫中尉的讲述加上后续书信构成了故事套故事的双重结构。

故事主人公间宫中尉与本田（叙述者冈田亨及其妻子的监护人）、间谍山本及士兵滨野一起渡过哈尔哈河进入蒙古境内，不幸的是他们都被敌军抓获了。其中，让人印象最为深刻的情节是山本被人活剥皮以及井中发生的一系列事件。后来，具有通灵能力的本田隐藏起来，而士兵滨野被杀，敌军的苏联军官为让山本坦白而对他进行了严刑拷打。更可怕的是，一个蒙古军官竟然将还活着的山本剥了皮。当时，苏联军官谈到了给动物剥皮与放牧之间的关系，并指出这是游牧民族一种根深蒂固的习惯。虽然此情节太过惨绝人寰，但这里还是引用一下原文：

他就像剥桃子的皮一样，轻轻剥掉了山本身上的皮。我无法正视整个过程。（中略）山本在开始时一直强忍疼痛，中途时终于忍不住惨叫起来。那叫声是如此凄厉，仿佛来自地狱。那蒙古男人先将小刀轻轻划入山本右肩部的肌肉，然后顺势剥掉了右肩至右腕部的皮肤。正如那个苏联军官所说，他的动作十分娴熟，仿佛是在制作一件工艺品。如果不是山本的惨叫，我甚至都怀疑整个过程不会伴有疼痛。可是，那阵阵凄厉的惨叫分明在告诉我们，这有多么的惨绝人寰！[79]

就这样，那个蒙古军官剥掉了山本身上的全部皮肤，这里不再继续引用原文。从表面看，“剥皮”是一种惨无人道的酷刑，究其成因却关乎游牧民族的一种重要仪式。荣格曾在一篇探讨弥散的象征意义的论文里谈到了公元三世纪的炼金师索西莫斯（Zosimos of Panopolis）的幻象（vision），在幻象里索西莫斯用剑剥掉了自己的头皮。虽然此事显得十分不可思议，但正如希罗多德（Herodotus，希腊历史学家）所言，在古代剥皮象征着一种重生仪式。[80]荣格指出，蛇等动物蜕皮也与重生有着某种关联。尽管剥皮这一过程十分残忍，其中却隐含着重生的主题。

然而，《奇鸟行状录》中的剥皮情节既没有任何意义，也与重生无关。

山本死后，间宫中尉将被当场执行枪决，他为博得一线生机而奋身跳入身旁的枯井中，其实该情节也象征着某种古代仪式。阿部谨也曾在《刑吏社会史》一书中指出，古代刑罚并非为惩治个人，而是一种让纷乱的社会、自然秩序重回正轨的仪式，因此刑罚的目的并不是杀人。例如，小偷被吊在橡树上不是为了接受绞刑，而是作为献给欧丁神（Wotan）的活祭。如果这些小偷因枝折绳断而侥幸没死，就会得到赦免。反之，即使他们被吊死，尸体也会一直被挂在树上。[81]另外，将犯人投入井中的刑罚也具有某种仪式感，象征着献给"大母神"（古代宗教神话中的女神）的活祭。

枯井中的间宫中尉深感绝望，当阳光照进枯井的那一刻，他被深深震撼了。当他第二次沐浴在阳光里时，心中产生了这样的想法，"在阳光中，我的泪水流个不停。（中略）能死在这样美妙的阳光中未尝不是一种幸福。此时的我甚至情愿去死。我觉得我已与阳光融为一体，彻彻底底地融为一体。是啊，人生的真正意义就存在于这短短的几十秒中，我深深觉得自己应该这样死去。"[82]

上述内容类似于一种神秘的个人经历。在村上春树作品中，很多跟前现代世界有关的经历都发生在仓库、洞穴及枯井中，这的确很耐人寻味。然而，这种看似神秘的经历并未使个体获救。最终，间宫中尉没能把故事讲完，在他之后写给主人公（冈田亨）的信中再次提到了自己在枯井中的经历。信中写道，"我在光波中，仿佛感到有什么东西在向我靠近。然而，不知是因为犹豫不决还是时间太短，它最终没能来到近前。"[83]此时，事情已到了一触即发的关键时候，如按照常理，真理及拯救等情节会顺理成章地出现，然而它们并没有出现，就像上文中没有任何宗教意义的剥皮仪式一样，前现代式的真理与拯救也彻底地销声匿迹了。

《奇鸟行状录》所表现出的前现代仪式感极具震撼力，同时也让读者真切看到了它的消亡，就像本田留给冈田亨的遗物一样，层层包裹着的不过是个空箱子。作者通过各种故事表达出的“空白”与“缺失”就是为了进一步强调前现代式真理的消亡。

神话世界的消亡

《奇鸟行状录》不同于其他村上春树作品的地方就在于该作品对于彼岸及超越性、消亡及埋葬过程的详尽描写。《寻羊冒险记》中的那只背部有星形图案的羊可被看作羊图腾或者守护灵，但最终却被“老鼠”吞入口中而化为乌有。

神话世界的消亡常伴随着自然的消亡。同样是《寻羊冒险记》中，当“我”重回故里，来到第三代店主经营的“Jays”酒吧时，窗外的海景已湮没在一排排如墓碑般耸立的高楼大厦中。随后，“我”来到海边，坐在曾经的堤防上喝了两罐啤酒，并随手把空罐扔进了大海。这时，一个管理员模样的人突然走过来问“我”为什么乱丢垃圾，“我”回答，“没什么理由啊，因为“我”十二年前就是这么做的。”[84]可对方却告诉“我”市区内禁止随便扔垃圾。

我们不应该把这类事情当成个案，作者是在通过这个故事告诉读者：自然属性的东西正从我们眼前消失，取而代之的是人工属性的东西及人工管理模式。之所以禁止人们乱扔垃圾，就是因为大自然已遭到了严重破坏。有趣的是夏目漱石的《三四郎》中也出现过相似情节。在故事开头，三四郎乘火车赶往东京的途中在车厢内吃了个盒饭，吃完后他随手就把空盒丢出了车窗，然而大风却将空盒吹了回来，正打在邻座的一个伸头看风景的女士脸上。于是，三四郎急忙跟对方道歉，两人便因此结识了。值得注意的是在三四郎那个年代，竟然允许将空饭盒扔出窗外。可见，当时的人们根本没有什么环保意识，完全把大自然当成包容、接纳自己的地方。

另外，《斯普特尼克恋人》也表现出了彼岸世界的消亡及与其联系的断绝。故事中的堇在希腊突然消失在彼岸世界，当“我”与敏为寻找堇而来到希腊时，却未发现关于堇及彼岸世界的任何踪迹。当敏在观光缆车中透过望远镜看到另一个自己在公寓中与一个名为“费迪南”的拉丁裔男人在疯狂做爱，然而敏却无法与那个自己取得任何联系。作者在这里想表现的不仅是个体的分裂，还有整个世界的分裂以及神话世界的消亡。

在《海边的卡夫卡》中，少年卡夫卡与中田的故事是平行推进的，其中也涉及个体与彼岸世界的联系。少年卡夫卡为躲避警察的追捕，独自藏身到高知县的一栋乡间别墅中。在此期间，他进入了森林深处的彼岸世界，随后又趁着入口未关闭时回到了此岸世界。后来，星野接任了亡故的中田的工作，并在通往彼岸世界的通道上堵上了 “门石”。于是，入口最终被封闭了，此岸世界与彼岸世界的联系也就此断绝。

罪恶的前现代

如上，多数村上春树作品着重描写前现代世界，尤其是前现代世界中此岸与彼岸联系的消亡，即过去的一切不再具有任何意义。这导致了前现代意识以某种暴力形式爆发出来。《空气蛹》通过某种仪式来表现彼岸及超越性，虽然无法确定仓库中少女所经历的一切是一种人为设计，但它的确是引发前现代的导火索。《1Q84》中深绘里的父亲即“先驱”领袖为迎接小人儿，以一种怪异方式与自己女儿及其他少女发生性关系，这也象征着此岸与彼岸的一种交流仪式。然而，由于前现代式组织及世界观已从当代世界消亡，此种仪式被定义为性与暴力的代名词，就当代意识及法律角度而言它无异于犯罪。“先驱”领袖因强暴多名幼女而被青豆痛斥，对此他说，“从普遍认知的角度来看，我也是罪有应得。因为我与这些尚且年幼的女孩发生了那种关系。”（BOOK2，242 页）如果在当代世界将前现代仪式付诸行动的话，无疑就是犯罪。

村上春树作品中有很多类似的血腥场面。例如，之前提到的《奇鸟行状录》中活人遭受剥皮的情节，以及《海边的卡夫卡》中少年卡夫卡的父亲琼尼·沃克斩断猫头、吞食猫心的情节。剥皮是前现代世界中一种象征着重生的仪式。阿依努人（日本原住民）会为死熊举行入殓仪式，而《海边的卡夫卡》中斩猫头、食猫心的情节也象征着将猫的灵魂送往来世或永远归主人所有。然而，当代社会将此仪式视为一种变态而残暴的行为。

《1Q84》中的“先驱”就是要在当代世界中建立起一个前现代式的宗教组织。当今，很多人对于前现代世界的消亡及此岸与彼岸联系的丧失感到彷徨，因此很容易受到原教旨主义及狂热宗教的影响，因为只有宗教才能为个体与组织建立联系，并让个体实现超越。某些宗教组织为达到目的常采用一些非常规的手段，因此很容易被界定为犯罪组织。更有甚者，有些宗教组织还宣扬狂热的个人崇拜，并通过暴力手段来管束教徒。可见，爆发于当今世界的前现代意识隐含着犯罪风险，同时人们的坚守态度会进一步加速其风险性。就像《1Q84》中的中野步，她不仅残忍地对待那些受害少女，甚至要将所有追查“先驱”的人都清除掉。《1Q84》中青豆与“先驱”领袖的对话不仅是对爆发而出的前现代意识的批判，更是对后现代意识、超越性及现实世界的一次拷问。

妖魔化的前现代与现代意识

在《空气蛹》当中，当少女看着蛹中的另一个自己时，小人儿告诉她蛹中的是“女儿”，真实的她是“母亲”，随即少女就逃离了仓库。对此，文中写道，“少女觉得一定是出了什么问题，一切都不对，都是扭曲的，都是违反自然规律的。”（BOOK2，413 页）此前少女与小人儿一直十分友好，而此时她的态度突然发生了转变。随后，少女的父亲偷偷给了她一些钱，她便逃离了部族。按照前现代世界的理论，如果少女接受试炼，就会建立起与彼岸的联系，因此空气蛹中会出现彼岸世界中的自己。然而，这一切终因少女的逃离而失去了意义。少女对小人儿的否定以及脱离组织的行为象征着个体在“十岁期”时现代意识的觉醒。

不过，故事中的小人儿真是错误、扭曲的吗？如果他们一开始就是错误的，少女的态度不会突然发生转变，因此可以说是少女脑中的现代意识否定了小人儿的存在。总之，现代意识为前现代涂上了一层妖魔化色彩，就像基督教对自然信仰及神灵信仰中的恶魔、魔女的否定态度。

此外，《空气蛹》中自我分裂的情节也极具启示意义。从巫术仪式的角度而言，空气蛹中的少女可能象征着彼岸对此岸的审视。然而，对旨在寻求独立的现代意识而言，空气蛹的象征意义也发生了改变。最终，“女儿”被“母亲”舍弃而独自沉睡在空气蛹中，而脱离了部族的“母亲”同时舍弃了自己与组织及彼岸世界的联系。《空气蛹》中的小人儿将“女儿”作为连接自己与此岸世界的先知，然而由于“母亲”切断了此岸与彼岸的联系，前现代世界与现代意识也就此分裂。

《1Q84》中的小人儿是一种极端邪恶的象征，不过这也可能是现代意识对其妖魔化的表现。就像《寻羊冒险记》中那只象征着守护灵及祖先神灵的羊一样，其所有邪恶表现不过是源于现代意识的视角。另外，《空气蛹》中除了描写“女儿”与“母亲”的两重性，还提到了父亲的两重性。“先驱”领袖是深绘里的父亲，他在维护组织秩序的同时也在释放一些少女。虽然青豆为了消除这种邪恶势力要暗杀他，但“先驱”领袖以及小人儿并非是极端邪恶的。可以说，《1Q84》中还隐藏着让人意想不到的秘密。

第六章

超越性的逆转与婚姻的四位一体性

多数村上春树作品是通过人物的孤立与分裂表现出超越性及彼岸世界的消亡，能将彼岸世界具象为浪漫爱情中的异性形象实属不易。个体必须通过其他途径才能重建与超越性之间的联系，《1Q84》中“先驱”领袖与深绘里的关系就是这样的特殊媒介。

转折点

为了充分揭示出《1Q84》与以往村上春树作品的不同，特以《斯普特尼克恋人》《天黑以后》及《奇鸟行状录》为例探讨了后现代意识与前现代世界的区别。作品中人与人联系的缺失正是源于前现代世界中的彼岸及超越性的消亡，例如，《斯普特尼克恋人》中堇与敏突然失去联系、敏从观光缆车上看到的另一个自己，以及“我”与堇失去联系也是因为堇的突然消失。可见，很多村上春树作品中的彼岸世界都表现出消亡或无法触及的状态。

另外，此岸与彼岸失去联系可能归结于现代对前现代的有意妖魔化，其最典型例子就是《寻羊冒险记》中的那只象征着守护灵及祖先神灵的羊，最终它被当作恶畜杀掉。可见，作品要批判的不是羊或者彼岸世界，而是整个前现代模式。

《1Q84》BOOK1 至 BOOK2 的前半部所描写的都是对彼岸世界的否定及与其斗争的过程。其中，深绘里把小人儿当作一种“错误、扭曲”的存在，“先驱”领袖不仅想方设法地欺瞒教众，还让多名少女沦为自己的性奴。尽管前现代式的超越及彼岸世界并不存在，但“先驱”领袖却妄图让教众相信它们。此外，天吾帮助深绘里出版小说也表明了他企图实现此岸与彼岸的连接。

《1Q84》的前部分内容以青豆与宗教组织的斗争为主，后部分则主要描写了青豆与天吾之间颇具悬念的爱情故事。青豆刺杀了“先驱”领袖后，为躲避追查而藏了起来，此时的她十分期待再次见到天吾。同时，天吾也因儿时的一段记忆而始终牵挂着青豆。天吾改写的《空气蛹》对“先驱”造成了沉重打击，他也因此被人跟踪，但是他并未放弃寻找青豆。最终，读者在惴惴不安中看到了两人在滑梯处的重逢。

如此轻松、美妙的爱情故事使得《1Q84》俘获了众多读者的芳心，但同时也有读者察觉到该书并不同于普通的言情小说。其具体原因主要有以下几点：首先，青豆暗杀“先驱”领袖为何成了故事发展的转折点？其次，多数村上春树作品中的爱情故事都是遗憾收场，为何只有《1Q84》出现了皆大欢喜的结局？再次，如果人与人之间缺乏联系是源于超越性的消亡，那么青豆与天吾重建联系又会对超越性产生何种影响呢？

杀意与爱意——前现代与后现代

在探讨人们之间的联系与超越性的关系时，可以开头处的青豆的故事入手。青豆没有固定的恋人，她的任务就是暗杀那些虐待女性的暴徒。而且，自从青豆将虐待自己好友大塚环的人杀掉之后，她对性的渴望就变得异常强烈，她会定期去酒吧寻找一夜情，并且非常享受这个过程。那么，暗杀与性之间究竟有什么联系呢？

青豆在与那些陌生男人发生性关系的同时，脑中也萌发了杀意。书中写道，“做爱结束后，青豆轻抚着瘫倒在一旁的男人的颈动脉，脑中突然涌起用针刺入对方要害的念头。”（BOOK1，119 页）很多人会将这里的爱意与杀意理解为一般故事中的爱恨对立，然而对青豆而言，杀意与性不仅有联系还是同一事物的两面。心理学及精神医学将其认定为异常性欲或异常性行为，是“虐恋”的延伸表现。

讨论杀意与性或杀意与爱意的关系时，其重点应放在对前现代世界的神话、故事及仪式的认知方面。《圣经·旧约》里亚伯拉罕将自己的儿子以撒作为活祭的故事不仅象征着某种宗教仪式，也暗示着爱意与杀意之间的联系，因为只有最爱的东西才堪当敬献上帝之物。另外，希腊神话中的阿尔忒弥斯（Artemis）与阿克特翁（Actaeon）的故事也暗示着爱意与杀意之间的关系。猎人阿克特翁为追捕猎物而来到森林深处，恰巧撞见了正在洗澡的女神阿尔忒弥斯，于是阿尔忒弥斯一怒之下将阿克特翁变成了一只鹿，让他被自己的猎犬撕碎。吉格利希认为，狩猎这一行为暗示着爱意与杀意的一体性。[85] 女神阿尔忒弥斯经常变成熊或鹿，而猎人阿克特翁在捕杀鹿的同时看到了女神的美丽姿容，因此捕猎在某种程度上象征着爱意。最后，变成鹿的阿克特翁被猎犬咬死的同时实现了爱意与杀意的统一。在女神阿尔忒弥斯身上同时出现的杀害与被害，无疑是一种超越性的体验。

此外，我们在《远野物语》及宫泽贤治的童话中也能看到类似故事。例如，《滑床山的熊》里的猎人小十郎对自己猎杀的熊产生了深厚感情，虽然他最终被熊所杀，但是很多熊都来祭奠他。可见，与对方融为一体的极致手段就是杀害。因比才的歌剧而闻名于世的小说《卡门》（作者：普罗斯佩·梅里美）也揭示出了爱意与杀意的联系。很多人认为豪塞是出于对斗牛士埃斯卡米里奥的嫉妒而杀死了卡门，然而除了简单的三角恋之外，豪塞、卡门、斗牛士以及牛之间的关系也十分微妙。在同名电影中，当埃斯卡米里奥将斗牛放倒的同时，豪塞也刺死了卡门。如果斗牛士杀死牛是为了得到牛的灵魂，豪塞杀死卡门也象征着某种方式的结合。

在前现代世界观尤其是某些仪式中，杀意是最高程度的爱意表现，而爱意也意味着杀意。正因如此，“活祭”才成为与神明联系的象征。然而，如果在当代世界中履行前现代理论及信念，无疑会引起犯罪，就像《卡门》中的豪塞终因杀人而被逮捕。此外，青豆身上所表现出的前现代式的杀意与爱意、杀意与性的特征显得支离破碎。如果神圣的仪式仅能通过碎片化的性关系及暴力来体现的话，说明现世已不存在能共享仪式意义的共同体了。

而且，《1Q84》中的杀意与性并非简单的重叠关系，最极端的表现就是青豆的好友中野步铐着手铐全裸而死的场景。这样的死亡并无任何超越性，仅是性与暴力的直接表现。如果牛河所言属实，天吾的母亲也是被情人所杀，那么那个杀人者就很可能是天吾的亲生父亲。由此看来，无论青豆还是天吾，都陷入了一个交织着爱意与杀意的错乱世界中。

浪漫爱情与归属感的缺失

青豆通过直接性关系及暴力来展现超越式的前现代感，而天吾则不同，虽然他的身世很离奇，但他却选择了一种温和而疏离的生活方式。天吾从不与任何人发生联系，始终保持一种超然独立的态度。青豆与天吾的共同之处是他们都没有伴侣，也没有恋爱对象，而且从不轻易许诺。这种毫无归属的状态正符合后现代意识的特征。《天黑以后》将这种状态及意外邂逅表现得最为淋漓尽致。

然而，《1Q84》的作品风格却随着故事的推进而逐渐发生了变化。例如，青豆对派给她暗杀任务的老妇人说过，“我有喜欢的人”，而且她还曾发誓要永远爱着那个人（BOOK1，402 页）。当她即将去暗杀“先驱”领袖时，曾想过“爱就是我的全部，我会永远爱着那个十岁的少年”（BOOK2，113 页）。由此可知，青豆深爱的人就是十岁时的天吾。另一方面，天吾对青豆也是念念不忘，书中写道，“在我心中，那个女孩从来不曾离去。”（BOOK2，91 页）尽管现实中的青豆与天吾是一种超然孤立的状态，但他们心中却藏着深深的爱意，而且这种爱意随着故事发展而逐渐清晰起来。

这种深厚爱意很容易让人联想到浪漫的爱情故事，不过从《1Q84》的前部分内容来看，个体并未表现出浪漫爱情式的积极态度。同时，这种爱情态度也代表了村上春树世界的现代意识。例如《斯普特尼克恋人》，故事中的“我”虽然爱着堇，却不主动接近她，而是与自己学生的母亲保持着性关系。由此可见，“我”对所爱之物缺乏一种积极、热烈的态度。正是由于理想与现实的解离才导致主人公从一开始就放弃了对理想爱情的追求。

《1Q84》中青豆与天吾的关系也是如此。青豆告诉中野步自己曾在十岁时喜欢过一个男孩，但青豆既不去寻找男孩，同时还在与其他男人发生关系，这让中野步感到十分惊讶。此时的青豆处于一种不可思议的碎片化状态。同样，天吾也处于这种状态中。虽然他一直为小学时没能跟青豆说话而后悔不已，但当两人在街头擦身而过时，他依旧没能主动开口，“也许之后又要为这次的擦肩而过而深深懊悔了。”（BOOK2，92 页）

现代意识的特点是个体的自我归属及对象认定都十分清晰，而极端后现代意识中的个体缺乏对自我及对象的归属感，青豆与天吾表现出的意识状态恰恰处于二者之间。虽然他们的意识形态中有一定程度的归属感，但这种归属感在初期并不存在，同时主体也缺乏对归属对象的承诺，类似于天吾父亲表现出的“空缺感”。

虚无与承诺

从某种意义而言，浪漫爱情就是理想爱情，对方往往处于可望而不可即的彼岸世界。夏目漱石作品中的那些神秘女性就是典型的浪漫爱情对象，而这些爱情也多像《三四郎》中三四郎与美弥子的故事一样遗憾收场。然而，这样的结局并不代表个体对对方毫无渴望，如果没有对爱情的煎熬，欧洲宫廷式爱情与西方浪漫主义文学就失去了土壤。因此，浪漫爱情的意义不在于个体最终是否获得爱情，而在于个体为此而付出的承诺与行动。例如，希腊神话中俄耳浦斯（Orpheus）与欧律狄刻（Eurydike）的故事。俄耳浦斯欲将妻子欧律狄刻从冥界带回人间，但他在途中却因忍不住回头张望而再度失去了妻子。一般人认为该故事表明了理想爱情的不可实现性，那么俄耳浦斯是否应该一眼都不看身后的妻子呢？其实即便俄耳浦斯不回头，两人也相距甚远，就像爱人之间对关心与感情永不满足一样。神话学家克瑞尼（Karl Kerenyi，1897—1973）认为，欧律狄刻的名字（为无限权力之意）暗示出冥界女王的身份。[86] 俄耳浦斯回头看身后的欧律狄刻不仅表达出爱意与承诺，还间接让欧律狄刻重返冥界，由此充分体现出爱情的伟大之处。[87] 爱情的意义不在于恋爱对象的存在与获得，而在于个体通过自身的承诺及行动将爱情付诸实际。很多人对理想爱情抱着事不关己的态度，并不是因为他们了解真相，而是不想触及真相。

在《斯普特尼克恋人》的结尾，堇试图接近敏以求与敏交换身体，然而她终究没能成功，并且永远消失在彼岸世界。此岸与彼岸联系的断绝由堇的承诺而显得更加彻底。此外，《国境以南·太阳以西》也描写了浪漫爱情及理想爱人的消亡。主人公小初是一个小学五年级的转校生，虽然他因小儿麻痹症而患有足疾，却得到了漂亮女生岛本的青睐。有一次，小初还握了岛本的手。不过，两人最终还是因为升学而分开了。顺便提一句，这里出现的“握手”情节与《1Q84》中青豆与天吾初次握手时的情节十分相似。后来，小初在三十岁结了婚，有了两个女儿，还在岳父的资助下开了一间十分不错的酒吧。一天夜晚，美丽的岛本根据杂志《布鲁斯特》（*Brutus*）的介绍来到了小初的酒吧，两人终于重逢。见面时，岛本并未过多地谈及自己，之后她会不定期地出现在酒吧里。这种神秘风格十分符合浪漫爱情中的爱人特征。一次，岛本将儿时与小初一起听过的唱片送给小初做礼物，小初被深深感动，并决定与岛本一起前往箱根的别墅。随后，两人在别墅发生了关系，但次日清晨岛本就彻底消失了。承诺让两人发生了短暂交会，却只留下了空白一片。

《1Q84》中的青豆从不对任何人许诺，她认为“没有存在过的肉体不会消亡，没有许下的诺言也不会反悔”（BOOK2，

113 页）。只要不主动追求，就永远不会失去对方。同时，天吾也很排斥承诺，“不见面也许是件好事，若真见了面说不定还会失望。”（BOOK2，93 页）他认为，现实会破坏浪漫爱情的美好而情愿维持这种可望而不可即的状态。那么，《1Q84》又是如何表现人物之间的灵魂交流呢？

神圣情侣

理想爱人营造出的归属感让个体处于一种微妙的平衡中。此前，一直停滞不前的青豆与天吾的关系也从故事后半部开始有了明显进展。当然，这种进展并非源于两人的直接接触，“先驱”领袖与深绘里起到了间接性的推动作用。

青豆从庇护所的小翼口中得知少女们遭受性虐待一事，于是她决定暗杀“先驱”领袖。天吾因帮助深绘里修改小说以角逐“新人奖”，由此结识了深绘里。当天吾去拜访深绘里的监护人戎野老师时，深绘里突然抓住了天吾的手，这让天吾十分惊讶，也不由得想起了青豆。因此，两人一起创作小说具有合二为一之意。

在讨论青豆与“先驱”领袖、天吾与深绘里之间的关系之前，应先理顺“先驱”领袖与深绘里的关系。由于青豆与天吾的故事是平行推进的，因此很容易忽视“先驱”领袖与深绘里的关系，深绘里是“先驱”领袖的女儿，她在十岁时逃离了这个宗教组织。更让人难以置信的是，“先驱”领袖以宗教仪式为名第一次与少女发生性关系时，对象就是这个亲生女儿。就现代意识而言，这无疑是卑劣无耻的犯罪行径，那么心理学又作何解释呢?

古埃及的王室允许兄妹通婚，很多神话故事也对近亲性持认可的态度，他们认为这种特殊的亲子关系是一种具有超越性的神圣关系，因为它代表着纯粹、圣洁，而“先驱”领袖将那些还未有初潮的少女作为性对象也是为了实现这种纯粹感。正如他对青豆所言，这种性关系并无任何性欲与快感。后来，“先驱”领袖患上了肌肉麻痹症，性器官一直处于勃起状态。于是，很多女巫一样的女人来到他身边，轮流与他发生性关系。对此，“先驱”领袖说道，“我并无任何感觉，丝毫没有快感。肌肉麻痹是上天对我的恩宠，是神的旨意。”（BOOK2,197 页）由此可见，他只是把性关系当作履行神旨的过程而已。

对于自己与女儿深绘里的关系，“先驱”领袖这样解释：深绘里是 Perceiver（知觉者），自己是 Receiver（接受者）。小人儿通过深绘里带来超越性信息，而自己则负责接收这些信息。所以青豆说，“你对自己女儿所犯下的不赦罪行就是为了传达小人儿的旨意。”（BOOK2,278 页）神的旨意将通过性关系传达到此岸世界，这就是所谓的神圣关系。然而从现实角度而言，这种关系不过是为满足一己私欲的性犯罪而已。正是出于此种立场，青豆决定杀掉“先驱”领袖。

后来，青豆才有机会见到“先驱”领袖并帮助他进行肌肉伸展训练，而且她在动手前得知领袖与深绘里发生关系是为了履行一种特殊的宗教仪式。随后，青豆企图用惯用的冰锥刺入对方的颈动脉，然而她的右手却突然动弹不得。而且，“先驱”领袖还用意念让一个大理石座钟浮在空中。看到此情此景，青豆不得不承认，“你的确具有超能力！”

此时，故事发生了戏剧性的转折。此前，青豆一直把“先驱”领袖当成罪大恶极的坏蛋、骗子，想要除之而后快。但是，当她真要动手时才发现对方的行为并非单纯的犯罪或纵欲。现代意识的道德规范以及对超越性的否定就在这一瞬间瓦解了，而前现代式的逻辑却清晰显现出来。正如深绘里对天吾说的，“小人儿是真实存在的。如果你想看就能看得到。”（BOOK1，97 页）可见，《1Q84》中的彼岸世界是真实存在的。

《1Q84》中关于彼岸世界真实性的描写完全不同于《奇鸟行状录》。《奇鸟行状录》中的前现代世界是一闪即逝的，如诺门罕枯井中的光波、代表本田遗物的空箱子等均象征着超越性及彼岸世界的消亡。而《1Q84》中的彼岸世界却是真实的，这也最终促成了青豆与天吾的再度重逢。

“先驱”领袖与深绘里的神圣情侣关系之所以不再有任何进展，就是因为这种过饱和的亲子关系必须与现实发生联系，因此两人必须分开。同时，这种分离状态也暗指天各一方的青豆与天吾。

与超越性的交点——婚姻的四位一体性

青豆与天吾的关系并非按照浪漫爱情的模式来展开，《国境以南·太阳以西》中也如实描述了此类爱情的艰难。故事中小初与岛本的关系跟天吾与青豆的关系非常相似。小初在十二岁（虽然不是十岁）时曾被岛本握过手，之后两人因升学而分开，但彼此都不曾忘记对方。成年后的小初结婚生子，当岛本来到小初的酒吧时两人再次重逢，但是岛本却丝毫未谈及自己的近况，而且她在出现后又很快消失了。这种神秘感十分符合浪漫爱情中的爱人形象。随后，两人因一张旧唱片而再续前缘，可是岛本在次日清晨再次消失。故事中的岛本象征着超越性的彼岸世界，小初失去岛本就像俄耳浦斯失去欧律狄刻一样，再次验证了此岸对彼岸的无可企及。

多数村上春树作品是通过人物的孤立与分裂表现出超越性及彼岸世界的消亡，能将彼岸世界具象为浪漫爱情中的异性形象实属不易。个体必须通过其他途径才能重建与超越性之间的联系，《1Q84》中“先驱”领袖与深绘里的关系就是这样的特殊媒介。那么，青豆、天吾、“先驱”领袖及深绘里这四个人是何种关系呢？

在此，我想借用一下荣格提出的“婚姻的四位一体性”

（Heirats-quaterinio）的概念。荣格认为，情侣关系不仅包含现实意识中的男女关系，还暗藏着个体潜意识所认同的异性形象。即男性会将阿尼玛作为理想的女性形象，而女性则将阿尼姆斯作为理想的男性形象。恋爱关系之所以成立就是因为阿尼玛与阿尼姆斯在对方身上产生了投影。尽管现实中的恋爱仅涉及男女二人，但彼此心中理想的异性形象也在发生联系，因此形成了两男两女的恋爱关系。

荣格在早期著作《自我与潜意识的关系》中，将人际关系与个体人格作为研究重心，同时他十分重视个体内心的异性形象对整体人格的影响。荣格在后期十分热衷于研究炼金术，其研究重心也从个体转移到世界及超越性的层面。荣格认为，人与人的结合并非是不同人格达成一致，而是发生了类似于炼金术的表象型变化。例如，古希腊就用国王与王后的关系来比喻炼金蒸馏瓶里的化学变化（图 5）。虽然，炼金师身边有一位名为 Soror（“妹妹”之意）的女助手，但炼金术的目的并非是炼金师与助手的结合，而是要实现国王与王后的结合。即此种结合已超越人类层次而上升到神的层面（图 4）。

依照荣格的图示，“先驱”领袖与深绘里的关系就是一种超越性的仪式，类似于炼金术中的国王与王后（图 6）。荣格曾指出，这种国王与王后的关系既可能发生在兄妹之间也可能发生在母子之间，总之是一种近亲性关系。而且，这种确凿无疑的关系被完全封闭在炼金蒸馏瓶中。当“先驱”领袖与深绘里的关系中断后，他们分别与青豆、天吾产生了交集，由此一来超越性便顺理成章地介入到青豆与天吾的关系中。荣格在《移情心理学》中援引了人类文化学的一项研究成果，即堂兄妹、表兄妹之间的通婚制度就是为了避免近亲性，而炼金师与其神秘妹妹（Soror mistica）也不会直接发生关系，而是以国王（阿尼姆斯的象征）与王后（阿尼玛的象征）之间的联系为表象。[88]

因此，青豆杀害“先驱”领袖不单是表层意义上的暗杀，还象征着性上的结合。当两人进行完肌肉伸展训练时，“他们都是大汗淋漓、呼吸急促，宛如一对尽享过云雨之欢的恋人。男方很久没有开口，而青豆也不知该说些什么。”（BOOK2，233页）通过这次训练，青豆切实了解到小人儿对“先驱”领袖的伤害，同时也感受到对方强大的忍耐力与意志力。因此，可以说他们之间的这种交流十分重要，几乎等同于性关系。

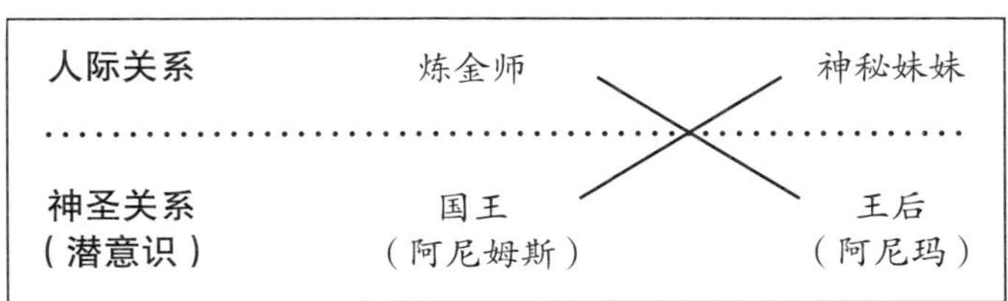

图4　炼金师、神秘妹妹及蒸馏瓶中国王与王后的四位一体关系图。参考《移情心理学》绘制而成。

图 5　炼金术图解：浴池中的国王与王后。（选自《移情心理学》）

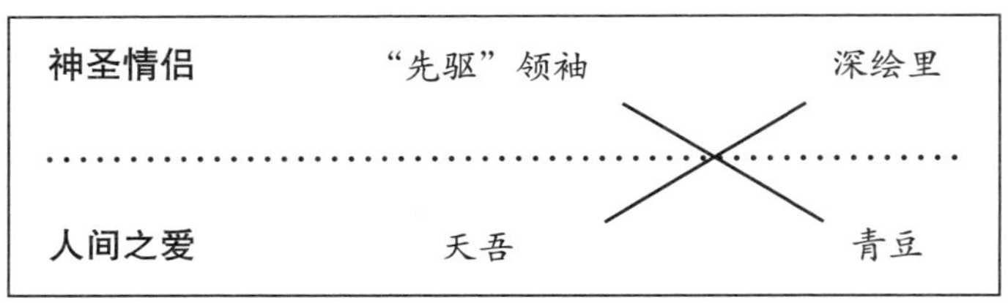

图 6　《1Q84》中婚姻的四位一体性图示。

另外，天吾也有过类似经历。当他要接手深绘里的小说时，编辑小松对他说，“你就是连接深绘里与这个世界的媒介。”（BOOK1，101 页）可见，天吾与深绘里的关系是具有超越性的。当他获准修改《空气蛹》后，首先去拜访了深绘里的监护人戎野老师，见面时深绘里突然拉住了天吾的手，此时天吾觉得，“我们好像一对准备结婚的恋人要去拜见对方的家长。”（BOOK1，207 页）同时，深绘里来看望天吾时也说过，“我们是一体的”“要一起写完这本书”（BOOK1，426 页）。可见，两人通过《空气蛹》

而发生了交集。在那个雷雨大作之夜，青豆将“先驱”领袖送往了彼岸世界，与此同时，天吾的身体出现了与“先驱”领袖完全相同的症状——肌肉麻痹，于是他与深绘里发生了性关系并射精。然而，整个过程就像是一种宗教仪式，就连天吾自己也承认，“我与深绘里之间并不存在肉欲。”（BOOK3，301 页）

此前，青豆在暗杀男性的同时寻找一夜情的行为让毫无关联的杀意与性之间产生了联系。现在，青豆暗杀“先驱”领袖与天吾和深绘里的性关系同时发生，仿佛是在两地进行的同一种秘密仪式。这就是前现代仪式的后现代式表现。之前，这种仪式借由青豆的暗杀与性关系来实现，而现在则由不同个体在不同空间内同时完成。看似碎片化的情节之间都有联系，正是因为这种秘密仪式及超越性联系与现实世界发生了交集，才让《1Q84》的故事出现了重大转折。

《奇鸟行状录》中的另类四位一体性

《国境以南·太阳以西》将主人公与理想爱人的关系以及第三者介入的婚外恋作为主要内容，而《1Q84》则以四者形成的四位一体性为主要内容。此种特点在《奇鸟行状录》中也有所体现。由于《奇鸟行状录》的故事结构要比《1Q84》复杂很多，所以四位一体性的表现形式也较为多样化。这里，仅以“我”、久美子、绵谷升及加纳克里特的故事为例来分析。

故事中的“我”与久美子结婚不久，久美子就消失了。“我”怀疑久美子移情别恋，而事实却并非如此。后来，“我”从一个名为“牛河”的人那里得知久美子的失踪与其兄绵谷升有关。于是，“我”问牛河，“你的意思是绵谷升与久美子之间存在不正当关系？”[89] 牛河回答，“他们有些不对劲。”对照《1Q84》可以发现，绵谷升与久美子的关系是近亲性关系的原型，只是这种关系与“先驱”领袖和深绘里的神圣情侣关系还有所区别。绵谷升拥有统治当今世界的巨大权力，因此他与超越性及彼岸世界并不发生联系。此外，《寻羊冒险记》及《舞！舞！舞！》中虽然也掺杂了一些前现代式的超越性的内容，但主要以现实世界的邪恶权力为主线，而《1Q84》则以前现代世界中的彼岸世界为主线，因此在《1Q84》

中很少能看到关于现实权力的描写。另外，《1Q84》中的“先驱”领袖在临死前向青豆证明了自己的超能力，而《奇鸟行状录》中的绵谷升则是个彻头彻尾的骗子。

此外，加纳克里特也是一位不可思议的女性。她因还债而堕入风尘，与绵谷升进行皮肉生意时竟然获得了极大的快感。但是，每当她为做生意而变装时，都不免对自己心生厌恶。“我”曾两次在梦中与加纳克里特发生性关系。一次，当“我”好不容易从井底逃回家时，却发现赤裸的加纳克里特出现在房间里。当“我”把久美子的衣服借给她时，她穿上竟然十分合身。这里，裸体的克里特象征着她抛弃了以往的生活方式；借穿久美子的衣服则暗指她与久美子之间的替换关系。之后，克里特提议两人一起去希腊，于是“我”开始做准备，但心里却想着“自己无法逃离这里”，因而放弃了行程。如果当时“我”能和克里特一起走，两人就能脱离绵谷升的世界，像青豆与天吾那样开始全新的人生。然而，由于“我”的妻子久美子留在了绵谷升的世界，因此“我”不希望自己的出走像是逃避。就炼金术图示而言，《奇鸟行状录》中的久美子兼具王后、神秘妹妹两种属性。

此外，书中的“我”在井底用木棒打伤绵谷升以及久美子拔掉绵谷升呼吸机插头的情节与青豆暗杀“先驱”领袖十分相似。不同的是，《奇鸟行状录》中的“我”及久美子对绵谷升只有恨意，而《1Q84》中的青豆在动手的最后一刻对“先驱”领袖产生了些许感情。虽然，久美子在动手前觉得“自己并不恨哥哥”，但他们之间并不存在青豆与“先驱”领袖之间的共鸣，因为久美子杀掉绵谷升的整个过程都是在沉默中完成的。

可见，《奇鸟行状录》中的四者关系极为错综复杂，并不具有《1Q84》中“婚姻的四位一体性”的特点，同时还缺乏超越性及爱意。如果把《奇鸟行状录》中的“我”与克里特的出走当成一种逃避的话，青豆与天吾的结合也可能是某种意义上的逃避。那么，“先驱”领袖与青豆、深绘里与天吾是在出现何种交集的情况下才最终促成了青豆与天吾的结合呢？

第七章

凡人之爱与虚构之爱——心理学上的差异

心理学差异的概念更为重视超越人类层次的灵魂层次。只有明确心理学差异才不会混淆人类层次与灵魂层次，进而充分发挥人类层次的效用。

超越性的陷阱

我们在分析青豆与天吾的关系时，不能仅从单纯的人际关系方面入手，因为他们的关系具有超越性的特点。因此，两人之间缺乏联系也象征着现实世界与超越性的前现代世界之间联系的断绝。同时，两人对彼此的高度认可还暗指现实世界对彼岸世界承认却不接近的态度。

“先驱”领袖与深绘里的近亲性关系是一种连接彼岸世界的神圣仪式。因此，青豆与“先驱”领袖、天吾与深绘里之间的关系就不再是简单意义上的暗杀与性关系，而是由神圣情侣派生出的超越性与现实世界产生的交集。在雷雨之夜，青豆杀了“先驱”领袖，同时天吾与深绘里发生了性关系，这些事件都象征着一种神秘仪式，也是《1Q84》三部书中的高潮部分。

然而，如果个体仅满足于与超越性发生联系，之后的发展就会受到束缚。尽管与超越性发生联系是个伟大奇迹，但这也会给个体带来不幸。正如“先驱”领袖提到的人类学经典著作《金枝》中的那些国王，古代国王是代表子民倾听彼岸声音的使者，一旦任期结束他们就会被杀掉。可以说，这些国王的一生都奉献给了超越性世界。在现代世界中，前现代世界观及超越性离我们越来越远，那些企图在时代变迁中重建与超越性联系的人们都生活得十分凄凉，尤其是对时代及世界观的变化十分敏感的艺术家、思想家。其中，尼采是最典型的代表，他将超越性的消亡称作“神已死”，并因此陷入巨大的痛苦中并最终患上了精神分裂症。

此外，《1Q84》中的“先驱”领袖也是一个被超越性束缚的例子。从外表看，他是宗教组织的首领，在组织内拥有无限权力，甚至可以随意与多名少女发生性关系，这也是由于他患上了肌肉麻痹症而陷入持续勃起所导致的。然而，“先驱”领袖这样做并非为了满足一己私欲，而是为了通过此种仪式来传达小人儿的旨意。“先驱”领袖告诉青豆自己的麻痹症状越发严重，发生性关系的次数也逐渐增多，即便青豆不动手他也会因身体严重透支而难逃一死。可以说，“先驱”领袖就是受命于小人儿的“代行者”，无疑是一个牺牲品。

因此，同样患上肌肉麻痹症的天吾也可能面临同样风险，他会取代死去的“先驱”领袖而继续履行“代行者”的使命，同时也难免与“先驱”领袖一样的结局。青豆杀掉“先驱”领袖后，很可能会遭到“先驱”组织的追杀，而她就因此变成了献给超越性世界的“活祭”，或者青豆会像BOOK3结尾处那样，与“先驱”组织达成交易而成为超越性世界的新使者。尽管《1Q84》有意让超越性与现实世界产生交集，但如果过度受限于超越性就会影响事物的发展，所以其中必定孕育着转机。

心理学上的差异——由神之爱演变为人之爱

青豆与“先驱”领袖、天吾与深绘里之间超越性联系的断绝使得青豆与天吾重返现实世界，也促成了两人后来的结合。当然，在青豆杀死“先驱”领袖、天吾与深绘里发生关系之前，他们心中就深藏着对彼此的感情。当青豆准备赶往宾馆杀掉“先驱”领袖时，心中还在想，“爱就是我的全部，我会永远爱着那个十岁的少年。”（BOOK2，113 页）而且，她还斩钉截铁地告诉“先驱”领袖，“我心中有爱”，当对方询问她是否有具体对象时，她回答，“是一个真实存在的男性”。于是在那个雷雨之夜，青豆杀了“先驱”领袖，在另一空间里天吾与深绘里赤身抱在了一起。当天吾按深绘里所言闭上眼睛时，他又变成了那个十岁少年，重新回到了小学的教室里，教室里只有他与那个少女，少女伸出右手紧紧握住了天吾的手，随后她默默放开手跑出了教室。就在此时，天吾完成了射精。

有趣的是，文中仅提到的“那个少女”并不指明她是青豆还是深绘里。按照故事脉络可以推测出那个女孩应该是青豆，然而此时天吾正在与深绘里发生关系，所以“那个少女”也可能是深绘里。这就是所谓的“多义性关系”。事后，天吾的思绪仍然停留在那个教室里。于是，他想立刻见到青豆，此时的多义性又统一为单义性，也让他更加确定了对青豆的爱。

后来，青豆怀孕使得她与天吾的关系发生了巨大转变。青豆发现自己未经性行为而受孕，她一算日子才发现受孕期正是她杀害“先驱”领袖那天。如此说来，这四人中真正涉及性的是天吾与深绘里、青豆与“先驱”领袖。“先驱”领袖在临死前与青豆一起进行的肌肉伸展训练其实是另一种形式的结合。因此，既可以将青豆腹中的孩子当作她与“先驱”领袖的孩子，也可以当作他们四个人的孩子。虽然此种说法有些怪异，但很多神话中的孩子都同时拥有神的父母及人类父母。例如，耶稣既是神的儿子又是凡人约瑟的儿子。还有一类神话是兄弟两人同时拥有神的父母和人类父母，其中一人为神之子，另一人为凡人之子。例如希腊神话中的阿尔克墨涅(Alcmene)的孩子中，赫拉克勒斯(Heracles)是宙斯之子，伊菲克勒斯 (Iphicles) 是安菲特律翁 (Amphitryon) 之子。这样的孩子同时拥有神的父母及人类父母，因此他们会表现出神与人的两种属性。

然而，青豆却认定孩子是她与天吾的，“突然，一个不可思议的念头冲入青豆脑中，仿佛照进黑暗的一束光柱。”

“肚子里的孩子可能是天吾的。”（BOOK3，218 ～ 219 页）

此时的多义性统一为单义性。对此，青豆认为，“在那个纷乱的夜晚，也许有某种神秘力量让天吾在我的子宫里射精，雷雨、暗杀就预示了这种结合。虽然我不明白其中缘由，但想必我们就是这样结合的”。

正如前章所述，青豆与“先驱”领袖、天吾与深绘里构成的四位一体性促成了青豆与天吾的结合。同时，十岁时的初次牵手也孕育了这样浪漫的爱情。此外，青豆与天吾的关系还具有其他含义。

海德格尔在“存在论的差异”中将“存在物”（Das Seiende）与“存在”（Sein）进行了区别，而吉格利希则在该理论的基础上对人类与灵魂进行了比较，并将之称为“心理学差异”。[90] 从心理学角度而言，灵魂层次要比人类层次更为重要，就像之前提到的炼金术，炼金师与女助手的关系并非指代人类的男女关系，而是暗指炼金蒸馏瓶中及意象中的国王与王后的关系。荣格在其著作《移情心理学》中曾指出，所谓“移情”是指患者将自己的经历转移到心理师身上，以获得与心理师之间的共鸣。荣格认为患者与心理师的关系并非简单的人与人的关系，而是一种超越性的结合，即灵魂层次的结合。

因此，心理学差异的概念更为重视超越人类层次的灵魂层次。只有明确心理学差异才不会混淆人类层次与灵魂层次，进而充分发挥人类层次的效用。如前所述，过度受限于超越性往往会毁掉个体的生活。青豆与天吾之所以早期未发生联系是因为他们都将对方置于超越性的位置，从而混淆了人类男女关系与超越性关系。“先驱”领袖曾一针见血地指出，青豆对天吾的爱情像是一种宗教信仰，由于对方在自己心中形成的超越性存在，使得两人很难走近。后来，是“先驱”领袖与深绘里之间的另类超越性关系成就了青豆与天吾的人类关系。正如炼金术图示中暗示的“婚姻的四位一体性”，天吾与深绘里、青豆与“先驱”领袖分别象征着炼金师与王后、神秘妹妹与国王，由此天吾与青豆正好回归了炼金师与助手的人类关系。

无论天吾与青豆的爱情多么炽热唯美，也无法达到超越性关系或理想爱情的层次，正因如此，他们的爱情才得以完美收场。说到底，人类爱情所排斥的就是超越性关系。

人之爱——与现实的关联性及排他性

“先驱”领袖将青豆对天吾的爱视为宗教信仰。他认为，这种爱情尽管伟大，却是一种无关现实的超越性爱情。与之相对的人类爱情不应仅作为一种信仰存在，而应通过具体行动将其付诸现实。因此，青豆与天吾不能将爱情仅当作一种理想。当深绘里询问天吾为何一直没有寻找青豆时，天吾对自己说，“我终于明白了，她既非概念也非象征，更非事例，而是切实存在着的温热肉体与激荡灵魂。”（BOOK2，356 页）可以看出，无论之前青豆对于天吾多么重要，她都是一种无关现实的存在。两人关系转化为现实的重要转折点就是青豆怀孕。青豆认为这孩子是她与天吾的孩子，而天吾也抱有同样想法，于是两人的爱情终于变为现实。天吾曾对青豆说，“如果你确认是在那天夜里且仅在那天夜里受孕，那么这个孩子肯定就是我的。”（BOOK3，578 页）不过，关于孩子的血统问题尚有争论，我们之后会再作讨论。

理想爱情转化为现实爱情的关键就在于由理想构筑的与现实的联系。由于青豆与天吾的联系具有超越性，所以第三方（媒介）的作用显得尤为重要，就像“婚姻的四位一体性”中的媒介者一样为他们建起与现实之间的联系。

在《1Q84》BOOK3 中，一直暧昧不清的青豆与天吾的关系在牛河的介入下逐渐明朗起来。为追查二人的行踪，牛河对青豆父母的姓名、年龄、职业等做了详细调查，就连“青豆雅美”这个名字也是由他揭晓的。由此，另一个真实空间逐渐显现在读者面前。此外，青豆与天吾的小学往事也是由牛河的调查得以明确。当牛河找到市川小学的副校长时，对方告诉他，“青豆雅美与川奈天吾在三四年级时一直是同班。”可以说，正是牛河的调查让两人的梦幻童话升格为确凿的事实。

而且，牛河还间接帮助青豆找到了天吾，促成了两人的重逢。在青豆藏身的公寓附近有一座公园，一次她偶然发现天吾坐在公园滑梯的顶台上遥望天上的两个月亮。然而，当天吾再次来到滑梯上时，青豆却偏偏没看到，但她看到了前来追踪天吾的牛河。于是，青豆尾随牛河进入了一栋三层公寓，并在一户外门门牌上发现了“川奈”的字样，此时青豆就预感到对方可能是天吾。梅菲斯托费勒斯（Mephistopheles）曾在《浮士德》中说过，“我之所以作恶，就是为了成就善”，而牛河这个恶的使者却在追查青豆与天吾的过程中，无意间化身为两人爱情的使者。牛河是促成青豆与天吾关系发展的第三方媒介，而那个神秘的孩子也具有这种属性。

如上，牛河为青豆与天吾关系的发展起到了重要的推动作用，另外还有一些其他因素也具有这种作用。尤其对天吾而言，当他去拜访深绘里的监护人戎野老师时，深绘里握住他手的举动让他想到了青豆。然后，当天吾与深绘里在雨夜发生关系时，脑中却浮现出小学时被青豆握住手的情景。于是，天吾在射精的同时便下决心要找到青豆。可以说深绘里也是天吾与青豆的关系的媒介。另外，当天吾去养老院看望陷入昏迷的父亲时，却发现父亲的病床上出现了一个从未见过的白色物体，天吾断定那就是空气蛹，同时蛹中沉睡着十岁的青豆。青豆借由冷酷的暗杀与死亡产生联系，而天吾则借由相对温和的病逝与死亡产生联系。总之，两人都经由父性个体的死亡与超越性发生了联系。具体表现是青豆进入了 1Q84 世界，而天吾则滞留在“猫之町”。另外，天吾与养老院中一个名为“安达久美”的护士之间的关系也十分重要。天吾曾与安达久美一起吸食大麻，他在幻觉中回到了小学教室，恍惚中对青豆说“我好想你”，而青豆答道“我也好想你”，此时青豆的声音就来自安达久美。可以说，天吾借助安达久美见到了青豆。综上可知，除了深绘里之外，安达久美也是天吾与青豆之间的媒介。

提出“媒介”一词是源于对天吾与青豆的重视，不过这可能会让我们忽略部分现象。我们每个人都存在于无数的关系当中，天吾也不例外。华严哲学在“缘起”一文中指出，“任何事物在同一时间内都是完整呈现的”[91]。包罗万象的事物总是彼此联系、互相映照的，其中会出现一些等价关系。然而，恋爱关系是其中唯一具有排他性的关系，就像青豆与天吾的现实关系，正因如此牛河才会被杀掉。故事中的牛河能看到两个月亮，与青豆、天吾同处于 1Q84 世界。当他因追踪天吾而来到公园的滑梯上时，俨然就变成了另一个天吾。然而，牛河最终还是被排除在青豆与天吾之外，因此两人的爱情才得以成就。当青豆找到天吾的公寓后牛河随即被人杀掉，这样做不仅是为了消除青豆面临的危险，也是在暗示牛河的使命（两人爱情的媒介）已终结。

同样，青豆的孩子也具有很强的排他性。如前所述，这个孩子至少是青豆、天吾、深绘里及“先驱”领袖四个人的孩子。他就像那个与父母兄弟皆不相像而独与祖父的堂兄相像的牛河一样，联系着诡秘的异世界。而且，这个孩子的父母可能还不限于以上四人。正是因为“先驱”领袖与深绘里被排除在外，才促成了青豆、天吾爱情的现实化。可以说，现实关系具有单义性及排他性。在青豆与天吾的关系中，从认可超越性到排除超越性的变化过程十分重要，就像空气蛹所暗示的超越性前现代世界及彼岸世界逐渐转变为孕育生命的现实世界。因此，青豆会自问，“也许我的子宫就是另一个‘空气蛹’吧？”（BOOK3，478 页）

人之爱的实现

村上春树作品中的爱情鲜有完美结局，究其原因是后现代意识的个体在脱离家庭、组织及自然环境后处于分散的孤立状态，因此仅能凭借偶然邂逅来建立联系。人们就像《斯普特尼克恋人》中那些孤独的卫星一样擦身而过。同时，《舞！舞！舞！》中的“我”与女朋友分手后也有过类似感受——“黎明时分，我一个人呆呆地望着月亮，不知这样的日子还要继续多久。也许不久后，我的身边又会出现别的女人。我们这些人就像行星一样彼此吸引，然后在空虚中期待着奇迹、消磨着时间、蚕食着感情，然后再次走向分离。”[92] 可见，所有个体都处于等价的孤立分散状态。

然而，村上春树作品中的失败爱情并非都源于这种等价的孤立状态，而是源于恋爱对象背负着与彼岸世界及超越性的联系。例如《斯普特尼克恋人》中的堇就消失于彼岸世界，她与敏及“我”都失去了联系。在《国境以南·太阳以西》中，谜一样的情人岛本也是彼岸世界的象征，她刚与主人公建立起联系就消失了。另外在《海边的卡夫卡》中，进入森林中彼岸世界的少年卡夫卡遇到了一个酷似佐伯的女性，他在与对方分手后便返回了现实世界，同时佐伯也因死亡而被永远隔绝在彼岸世界。《挪威的森林》中的直子也是这样的人物。村上春树作品中的爱情多以分手收场的根本原因就在于联系彼岸的前现代世界已消亡，如果个体受困于这种超越性或将超越性与人际关系混为一谈，就很难避免这样的结局。因此可以说，《1Q84》表现出的心理学特点并不同于其他村上春树作品。

除了《1Q84》之外，长篇小说《舞！舞！舞！》及短篇小说集《神的孩子全跳舞》中的《蜂蜜饼》都属于罕见的成功爱情的范例。在《舞！舞！舞！》中，“我”为了见到《寻羊冒险记》中的羊博士而时隔四年半重返海豚饭店。可是，当年的海豚饭店已被人收购并被改建为大型现代化宾馆，这也再次证明了前现代世界的沦丧。然后，“我”遇到了宾馆的前台小姐由美吉，并从对方身上感受到了海豚饭店的气息。当“我”乘电梯来到宾馆的十六层时，随即进入到另一个神秘世界，而这个世界正是突然出现在现代世界中的前现代式彼岸世界。之后，“我”通过与由美吉的结合而重返现实世界。在故事结尾，由美吉消失在墙壁另一侧的世界，而“我”则试图穿墙去找回她，那一声撕心裂肺的呼喊也代表着主人公对爱人的承诺。后来，“我”终于明白之前的一切不过是一场梦，一直守护着“我”的由美吉就像一盏明灯一样把我带回了现实，“我知道一切都真实存在过，我将永不离去。”

《舞！舞！舞！》的侧重点不是主人公对彼岸世界里的女性的追求，而是个体受困于彼岸世界的情形。小说开头时，“我”对前女友说道，“两个人在一起时，感觉空气都变得稀薄了，好像在月球上。”后来，对方在寄来的明信片上写道，“大概不久之后，我就要和地球人结婚了。”[93] 于是，两人彻底分手。由此可知，一直守护着梦中的“我”、为我点亮明灯并让我重新苏醒的由美吉是帮助“我”重回现实的人，所以梦中的“我”才想要从彼岸世界将她找回。由美吉知道隐藏于宾馆十六层的神秘世界，所以她不仅联系着现实世界，还联系着彼岸世界。如果恋爱对象的身上仅具有彼岸世界或此岸世界中的一种属性，这样的恋情多半不会成功。正如天吾所言，当女性具有象征性及比拟性时，她就已不再是现实中的女性。因此，恋爱成功的关键就是既保留与超越性的联系又不放弃现实属性。归根结底，恋爱是将两个人从彼岸世界带回现实的过程，就像《1Q84》中的青豆与天吾一样，通过恋爱切断了与超越性世界的联系。

此外，《舞！舞！舞！》中也存在《1Q84》中的“婚姻的四位一体性”，即“我”与由美吉、喜喜与五反田的组合。故事开头，“我”为了追查《寻羊冒险记》中的神秘羊而住进了海豚饭店，同时寻找一个以耳朵模特为职业的高级妓女喜喜。然后，“我”发现一部电影的主演正是自己中学的同班同学五反田，而喜喜恰巧也在影片中担任角色。于是，“我”决定去寻找五反田。后来，喜喜与喜喜的好友同时也是高级妓女的咪咪被杀，当我追问五反田咪咪及喜喜的死因时，五反田却自杀了。虽然喜喜与五反田在彼岸世界结成了情侣，但这里的四人并不存在《1Q84》中的交叉关系，同时他们与彼岸世界及超越性也未有任何交集。先是喜喜被五反田所杀，接着五反田又间接地被“我”所杀，这些人像是被依次送往彼岸世界的活祭。而且，正因为五反田与喜喜消失于彼岸，才促成了“我”与由美吉的现实性结合。由此可知，《舞！舞！舞！》中并不存在《1Q84》中超越性情侣之间的交叉关系，而且这两部作品对现实的态度及成功爱情的定义也不甚相同。

村上春树意识到心理学上的个体差异

在此节里，我想先放下《1Q84》及其他村上春树作品，来讨论一下村上春树本人的意识形态。我认为，村上春树很早就意识到了人与人、灵魂与灵魂甚至是故事与故事之间的心理学差异，这在村上春树的作品中均有所表现。村上春树在一篇名为《作家需要的不是个论而是能够确立个论的创作体系》的访谈中说过如下一段话：

经常有报社的人打电话询问我对当今时事的看法，比如日本向伊拉克派遣自卫队、十二岁少女砍首杀人事件等等。虽然我对上述事件有一定的看法，但我的个人看法与作为作家的村上春树的看法之间有着明显区别。尽管如此，那些报社还是打着《作家村上春树》的名号将我的个人看法公之于众。正因为有这样的前车之鉴，我对于媒体的提问，原则上不再做出回答。[94]

可见，村上春树已清醒意识到个人与名作家之间的立场差异。他认为，作为个人的村上春树与小说家村上春树以及村上春树作品是完全不同的，三者之间存在明显的心理学差异。因此，越是立意深刻的主题就越需要通过作品来表达。

遗憾的是很多作家、艺术家都未能清楚地区分个人与作品之间的区别，他们在随笔及电视节目中针对时事发表观点时，普遍忘记了心理学上的个体差异。同时，世人对其观点的盲目认同会将多维度作品矮化为个人维度，以致这些作家及艺术家的作品被世人误解。村上春树之所以对各种社会现象不轻易发表言论，就是充分顾忌到自己作为作家的影响力。即便自己的故乡神户发生了大地震，他也没有轻易接受采访或发表评论，而是通过《神的孩子全跳舞》一书做出了回答，这也进一步说明村上春树对个体心理学差异的敏感性。

在上文提及的访谈中有一句话应引起注意，即“我对上述事件有一定的看法”。可以看出，作家不仅拥有小说世界，还持有明确的个人观点，因为他意识到身为作家的自己与作为个体的自己有着明显差异。虽然世人更为关注作为作家的村上春树的观点，而对于村上春树本人而言，自己的个人观点的价值并不低于小说的价值。村上春树认为，作家不应仅活在故事世界里，更应关注现实生活。通过上述访谈，我们不仅认识到村上春树对于心理学个体差异的重视以及作家的创作原则，同时还了解到作为普通人的村上春树的生活态度。

爱情是为了逃避现实？

《奇鸟行状录》中也存在着心理学上的个体差异。故事中的“我”回避了与超越性的联系，以使自己获得生的机会，最典型事件就是改头换面的加纳克里特邀请“我”一起去希腊。套用《1Q84》中的“婚姻的四位一体性”理论来分析《奇鸟行状录》中的个体心理学差异时可以发现，久美子与不同维度世界里的绵谷升、加纳克里特均有所关联，当久美子与“我”重新恢复夫妻关系时两人才能重返现实世界。故事中的绵谷升操纵着政治及媒体世界，其个人生活方式并未过多提及，而加纳克里特则类似于一种灵媒，当她换上久美子的衣服并决定与“我”在一起时，象征着她将告别超越性世界，开始自己作为一个平凡人的新生活。加纳克里特对“我”说过，“我们必须去哪儿开始新生活，克里特岛是个不错的选择。”[95]

尽管“我”做了各种准备，但最终还是放弃了这次希腊之行，其原因并非是我不喜欢克里特，而是不想有逃避之感。“我”对克里特说，“我可以离开这里，却无法逃出这里。”克里特问“我”是否因为久美子，“我”回答，“也许吧”。[96]可见，让“我”放不下的不仅是下落不明的久美子，还有与绵谷升的决斗。

那么，《1Q84》中青豆与天吾的单义性恋爱究竟是为了切断与超越性的联系，还是一种逃避性的选择呢？或者说青豆与天吾的行为并不具有逃避性，而是《1Q84》整部作品逃离了故事原有的发展方向，因此很多村上春树迷会觉得《1Q84》中的完美结局与其他村上春树作品相比显得有些格格不入。

《舞！舞！舞！》中的超越性因喜喜与五反田之死而消亡，那么青豆与天吾的爱情又会将超越性置于何地呢？可以说，此时的超越性已被彻底排除在外了。关于这个问题，将在下一章着重讨论。

第八章

超越性的排除及其不彻底性

在《1Q84》BOOK3 中，凡人之爱的实现使得超越性被排除，同时被排除的超越性又以第三要素（青豆的孩子、牛河）的形式再现。然而，BOOK3 中超越性的表现形式终归发生了改变。

凡人之爱与超越性的排除

《斯普特尼克恋人》描写了人们之间的孤立状态以及此岸与彼岸、现代世界与超越性世界之间联系的消亡，最典型事例就是突然消失于彼岸世界的堇。《1Q84》中的青豆与天吾若要结合，必须重建与超越性的联系，因此青豆与“先驱”领袖、天吾与深绘里才会在雷雨夜发生交集，这也是整部作品的高潮部分。正是这种与超越性的交会，才最终促成了两人的结合。

如果追踪者牛河是帮助他们建立现实爱情的使者，那么成就两人关系的超越性又会置于何地呢？就灵魂层面与人类层面的心理学差异而言，青豆与天吾的关系终究是凡人之爱，并非灵魂层面上的超越性爱情。可以说，两人的关系始于超越性，当爱情归为现实后又将超越性排除在外。很多读者对于 BOOK3 中的大团圆结局难以释怀，想必就是因为超越性被排除在外。

在青豆、天吾、深绘里及“先驱”领袖这四个人中，构成神圣情侣的深绘里与“先驱”领袖承担着与超越性的联系。青豆与天吾以这对具象化的神圣情侣为媒介，才得以与超越性建立联系。然而，“先驱”领袖在见到青豆后不久即被杀，而深绘里也渐渐隐没于故事外围。当天吾去养老院看望父亲后返回家中，发现一直住在他家的深绘里已离开了。消失的深绘里与“先驱”领袖暗示着人类层面的影响愈发强烈。

而且，深绘里的小说《空气蛹》的故事脉络也暗示着这种变化。《空气蛹》的构思来自于深绘里的亲身体验，其中心内容就是彼岸世界的小人儿借由死山羊口中来到此岸世界，并在空气中作茧。整个故事描写的就是一个与超越性尚有联系的前现代此岸世界。然而，如果深绘里的小说问世，小人儿的事情就会被公之于众，而“先驱”领袖则再也无法聆听到小人儿的旨意。因此，当“先驱”听闻天吾将改写《空气蛹》后，便威胁主编小松不得将其出版。于是，描写超越性的《空气蛹》也从《1Q84》中消失了。

重逢后的青豆与天吾来到将他们引入1Q84世界的高速公路，随后爬上消防梯重返至原来的世界，当他们看到天上唯一的一个月亮时终于长出一口气。这样的结局暗示出超越性的彻底消亡。在村上春树作品中，井、电梯等都是重要的故事线索[97]，因为这种能发生垂直移动的物体可以将故事带往异度空间。然而，《奇鸟行状录》中的枯井却是个例外，由于主人公被封闭在枯井内才得以与超越性及异度世界发生联系。与之相比，《1Q84》中的消防梯仅是主人公往返于不同世界的通道，并不与超越性发生关系。凡人之爱通过排除超越性得以实现，那么超越性又会去向何方呢？

第三要素——孩子

其实，《1Q84》BOOK3 中的超越性并未消亡，而是通过其他形式再现，其中一种形式就是青豆因神秘受孕而得的孩子。青豆确信这是天吾的孩子，而天吾也响应她的观点。如果真是这样，孩子就成了连接青豆与天吾的第三要素，也是两人爱的结晶。

然而，常规意义上的第三要素在连接两人关系的同时，又会被排除在外。例如恋爱中的三角关系，因为第三者威胁到两人的关系，所以会被排除。由此，孩子在连接两人关系的同时，也会被两人排除在外。实际生活中的亲子关系也不乏此类案例，包括心理治疗在内的很多领域中都可以看到，有些孩子深受父母价值观的影响，而有些孩子则选择了与父母完全不同的生活方式，尤其是故事中的孩子会经常表现出后者的特质。

虽然青豆确信自己腹中的孩子是天吾的，然而这个孩子既可能是青豆与“先驱”领袖的，也可能是天吾与深绘里的。如果一切如青豆所想，天吾在那个纷乱的雷雨夜通过“特别渠道”在青豆的子宫射精，那么也可能是一种类似人工授精的方法将天吾与深绘里的孩子送入到青豆的子宫。无论是人工授精还是代孕母亲，总之处女怀孕这样的前现代理念竟然与后现代事实不谋而合。

“先驱”领袖认为自己与少女的“性关系”具有多重含义，而青豆腹中的这个违反生物学规律的孩子很可能就是这种复杂“性关系”的产物。他既是青豆与天吾的爱情结晶，也是“先驱”领袖的孩子，还可能是担负超越性使命的“先驱”继承人。这个孩子是介入到青豆与天吾关系的第三要素，也是被凡人之爱排除并承担超越性使命的第三要素。

其实，《1Q84》中也多次暗示出这个孩子与“先驱”领袖之间的关系，领袖在被杀前与青豆的对话如下：

> 男人说道：“他们无法毁掉你。”
>
> “为什么？”青豆问道，“为什么他们无法毁掉我？”
>
> “因为你已经变得不同凡响了。”
>
> “不同凡响？”青豆问，“如何不同凡响？”
>
> “你很快就会知道真相。”（BOOK2，247 页）

我认为，这里的“不同凡响”就是指青豆孕育“先驱”领袖的孩子，而这个孩子正是神之子。“先驱”领袖所言的“他们无法毁掉你”的话也在 BOOK3 中得到印证，最终“先驱”组织以交易为条件而放弃追杀青豆，而青豆也预料到这个孩子很可能是“先驱”领袖的孩子并且是“先驱”组织的继任者。

那么，这个孩子究竟是青豆与天吾的爱情结晶，还是承担与超越性联系的新使者，或者同时兼具这两种属性？从心理学角度而言，每个孩子都兼具神与人两种属性。例如希腊神话中的不死勇士阿喀琉斯（Achilles）就同时具有神与人的特质，他最终因被帕里斯（Paris）射中脚踝而死。

神之子转世

我们经常会发现，村上春树作品中的故事在推进过程中，故事的其他层面会映射到某些人物身上或出现在另一部作品中。例如，天吾去养老院探望父亲时遇到的护士安达久美，她曾和天吾一起吸食大麻，而且她还记得一个女人被人勒死的事，而那个被勒死的女人很像天吾的母亲。因此，即便《1Q84》中没有关于“先驱”孩子的后续人生以及他的超越性使命，在其他作品中也必定会有所呈现。其实，《1Q84》的 BOOK1 ～ BOOK3 中业已包含了 BOOK0 与 BOOK4 的内容。

首先，最让我们感兴趣的就是天吾的身世之谜。天吾的亲生父亲并非是户籍中登记的父亲，他可能是其母亲与情人所生。如此一来，天吾的身世与他和青豆的孩子十分相像，也具有多义性。而且，青豆杀害“先驱”领袖这一行为就像《卡门》中所描写的那样，是一种终极爱意的表现。据牛河的调查得知，天吾的母亲也很可能是被其情人所杀。如果青豆腹中孩子的父亲是“先驱”领袖的话，这个孩子的父亲与天吾的母亲竟然都是被各自的情人所杀。所以，即便《1Q84》中没有关于青豆孩子的后续描写，我们通过与其命运极其相似的天吾也可猜出一二。天吾脑中经常会出现母亲与一个情人模样的男人在一起的画面，这是因为他对自己的身世一直十分好奇。天吾在小学时因参加数学竞赛而获得冠军，并被报纸等冠以“神童”之名，这一点他的确当之无愧（因为他是神之子）。后来，他通过与青豆的重逢，又表现出凡人的属性。

同时，《1Q84》中还出现了村上春树作品中较为少见的怀孕、生子等情节。《奇鸟行状录》中的久美子虽然也怀孕了，最终却堕了胎。由于“我”一直采取避孕措施，所以当得知久美子怀孕时第一反应就是对方出轨。如果换个角度思考，久美子的怀孕可能类似于《1Q84》中的非性关系受孕（即超越性联系）。可以说，《奇鸟行状录》中的四位一体结构以及各种元素的雏形都在《1Q84》中得到了进一步完善。

而且，《1Q84》中神之子的后续篇章也可在短篇小说《神的孩子全跳舞》中觅得踪影。主人公善也的母亲是新兴宗教组织的信徒，他在十三岁时宣布放弃这种信仰。虽然《1Q84》中的青豆脱离宗教组织时的年龄是十岁，但两人的经历却十分相似。

善也从小没有父亲，“母亲一直跟他讲：你的父亲就是‘上方（信徒对神的称呼）’。”[98]后来，善也在十七岁时终于从母亲处得知了自己身世的秘密。尽管母亲一直采取避孕措施却两度怀孕，后来她与给自己做堕胎手术的医生（右耳无耳垂）成了恋人，尽管她小心避孕却还是再度怀孕。于是，医生怀疑善也的母亲另有情人，善也的母亲正欲自杀时被新兴宗教组织的信徒所救，同时对方让她相信腹中的孩子就是“上方”的孩子。

所以，母亲从小就告诉善也，“你的父亲是‘上方’，你的出生并非源于肌肤相亲，而是‘上方’的旨意。”[99]由此可知，善也是神之子。

那么，这个神之子的命运如何呢？他并非是天吾那样的神童，而是一个连外野高球都接不住的笨孩子。然而，就是这样一个孩子在上大学时公开跟女友宣称自己神之子的身份及不婚原则。天吾通过与青豆的结合而抛弃了神的属性，同时成就了凡人之爱。反之，当神的属性表现得越明显时，凡人之爱则越难维系。后来，善也在地铁中偶遇到一个缺失右耳垂的男人，并开始追查这个男人的下落，他就像《1Q84》中的天吾一样想找到自己的亲生父亲。当善也为追查男人的下落钻过一个破栅栏来到荒郊野外时，男人却不见了踪影，而善也却发现自己身处于深夜的棒球场中。此时，他突然发现自己所做的一切没有任何意义，他产生了与天吾同样的想法——亲生父亲是谁并非那么重要。然后，善也在投手台跳起了舞，因为神的孩子都是跳舞的。故事最后出现的鸣笛救护车预示了善也的死亡。善也的舞蹈与《舞！舞！舞！》中的舞蹈不同，后者象征着主人公与由美吉这一现实女性之间的联系，而前者则象征着与神的联系，就像地震前的地球律动一样暗示着某种死亡。在古希腊的狄奥尼索斯教中常出现女信徒疯狂跳舞的场景，另外在《圣经·新约》外典的《约翰行传》中，也有关于耶稣邀请众人一起跳舞然后离去的情节。[100]

第三要素——牛河

《1Q84》中另一个重要的第三要素就是牛河。在BOOK1与BOOK2中，青豆与天吾的故事是交替推进的，在BOOK3中由于牛河的加入而变成了三个人故事的依次推进。这样的设计暗示出牛河是介入青豆与天吾之间的第三要素。在BOOK2之前，我们很难想象牛河是如此重要的人物，尤其在超越性关系方面占有举足轻重的位置。除了死去的“先驱”领袖，只有牛河最早意识到青豆与天吾之间的联系，而且他还查明了两人上过同一所小学。因此，牛河是两人关系的媒介，促使只存在于想象中的恋情化为了现实。后来，青豆之所以能顺利找到天吾也是由于牛河对天吾的追踪。

虽然牛河帮助青豆与天吾建立起现实性联系，但他最终还是被柳公馆的保镖Tamaru杀掉了，由此媒介性的第三要素转化为被排除的第三要素。而且，牛河不仅被凡人之爱排除还被整个社会所排除，他就像乞丐一样用最原始的方法传达着圣意，担负着与超越性之间的联系。

牛河与深绘里的关系也间接揭示出他与超越性的联系。他在追查天吾的过程中肯定会遇到深绘里，不能不说这是命运的安排。

尤其是他在监视天吾时通过相机镜头看到深绘里的情节描写得尤为生动，让人忍不住想全篇引用。

“深绘里仿佛听到了快门的声音，一下子转向了相机这边。于是，牛河第一次透过镜头与她对望。为了看清对方的面孔，他不断调整着焦距。殊不知，镜头另一端的深绘里也在默默审视着他。”（BOOK3，319 页）就在这一瞬间，牛河感到了两人之间的默契，他像天吾一样借由深绘里建立起与超越性的联系。这次见面让牛河备受震撼，“他思来想去得出了结论——灵魂交流。他与深绘里之间的交流就是灵魂上的交流。虽然这让人难以置信，但这个美丽少女与牛河就是通过这次对望而达成了深度默契。虽然只有短短十几秒，但他们的灵魂实现了互通。”（BOOK3，377 页）可见，牛河帮助青豆与天吾成就了凡人之爱，同时也与深绘里实现了灵魂交流。

牛河与深绘里的见面为他开启了通往超越性的通道，可以说这次见面具有明显的前现代特征，而实现这次见面的工具却是后现代式的相机镜头，这种设计颇值得玩味。不过，很多圣物或彼岸世界之物往往是凡人不可见的，就像希腊神话中不允许凡人注视冥界诸神，当俄耳浦斯为救回死去的妻子欧律狄刻而造访冥界时，他的眼睛始终朝向下方，这在很多希腊陶绘上都有所表现。[101]而且，日本神话中的伊邪那岐也不允许注视黄泉国的伊邪那美。当这些神话人物想要注视对方时，镜子就成了必不可少的工具，就像英雄珀尔修斯（Perseus）以镜为盾杀死了巫女美杜莎（看美杜莎一眼就会变成石头）。在日本上古的岩户时代，天照大神的镜子也十分有名。因此，《1Q84》的牛河通过镜子的类似物——镜头而实现了与深绘里的灵魂交流。

这种交流既不同于“先驱”领袖与深绘里的仪式性交流，也不同于天吾与深绘里的性交流，这种交流显得更高尚、更有距离美感。而且，这种交流可能还关系到超越性事物的消亡，就像《天黑以后》中通过电视见面的白川与惠丽以及通过网络交流的现代人。

牛河与青豆、天吾一样也察觉到天空中的两个月亮。当他尾随天吾来到公园并登上滑梯顶台向空中眺望时，两个月亮让他错愕不已。“牛河不觉倒吸一口凉气，他简直忘了呼吸。当薄云散开后，在那个熟悉的月亮旁边又出现了一个月亮。”（BOOK3，396 页）由此，牛河也加入到 1Q84 世界中。如果青豆与天吾沿着高速公路的消防梯得以逃离 1Q84 世界，那么牛河很可能永远留在了 1Q84 世界。

因此，实现与深绘里的灵魂交流并加入 1Q84 世界的牛河最终被 Tamaru 所杀，也是一种类似活祭的仪式。当“先驱”组织处理牛河的尸体时，发现死者早已僵硬的口部在微微颤动，然后“他的嘴巴发出几声干瘪的声响，便‘啪’的一下张开了”。随后，六个身高在 5 厘米左右的小人儿从牛河口中走出，他们轻轻一晃就长到 60 ～ 70 厘米高，依次抓住从空中飘下的一根细线，最后的小人儿从牛河扁圆的头上揪下一根卷发，便开始制作空气蛹。

可见，牛河成了小人儿来到此岸世界的通道，同时也让《1Q84》BOOK3 中消失已久的《空气蛹》故事重焕生机。深绘里在不知不觉中被青豆与天吾的凡人之爱排除在外，而牛河正是通过与此时的深绘里结成神圣情侣而变身为神圣的殉道者，从而担负起超越性使命。

欲望的三角形

本章我们通过分析“被排除的第三要素”而讨论了《1Q84》结尾的故事发展及其与超越性的关联。在前几章，我们利用荣格的“婚姻的四位一体性”的概念分析了《奇鸟行状录》及《舞！舞！舞！》中的四者关系，不过村上春树作品中的三者关系也很常见。因此，这里想就村上春树作品中的三者关系的特点及其与超越性的联系稍作讨论。

荣格通过引入女性、身体、恶念等形成的四位一体性理论明显区别于基督教的三位一体性理论。对于荣格而言，“四”是一个非常重要的数字，而弗洛伊德则将“三”作为重要数字，其最典型例证就是恋母情结，即对于孩子而言，父亲是介入母子关系的存在。荣格在早期也非常重视治疗关系中的第三要素——灵魂，类似于之前提到的青豆腹中的孩子。

法国作家勒内·基拉尔（René Girard）参考弗洛伊德的恋母情结理论，提出了“欲望几何学”理论。同时，他还对比了“浪漫爱情的虚伪与罗马式爱情的真实”，并将其作为《欲望现象学》一书的副标题。[102] 基拉尔认为，浪漫爱情以个体主动追求对象为主，而罗马式爱情则以第三者为媒介的爱与欲望为主，前者多为虚构，而后者更为真实。他还以《包法利夫人》《堂吉诃德》以及陀思妥耶夫斯基的作品为例进一步分析了第三者对主体自律性的影响。日本社会学家作田启一参照理论分析了夏目漱石的作品《心》[103]，这里我将以《心》为例，再次对夏目漱石与村上春树进行比较。

《心》的主要内容是“我”与“先生”之间的师生关系，后半部则通过“先生与遗书”回忆了发生在“先生”身上的三角恋。故事中的“先生”爱上了房东家的女儿，当他正在犹豫要不要向对方求婚时，好友 K 也住进了这个家庭。正因为“先生”对这段爱情的犹豫不决，使得 K 成了他与房东女儿的媒介。[104] 如果自己尊敬的 K 对恋爱对象评价不高，“先生”出于一种效仿心理便会放弃这段恋情；相反地如果 K 也爱上了房东女儿，他们的关系就会变成情敌。无论如何，K 已介入到“先生”与房东女儿的关系中。K 的出现点燃了“先生”对房东女儿的爱意，而 K 的自杀也让这段爱情终以遗憾收场。由此可知，所谓的浪漫爱情其实动摇了以主体自律性为基础的现代意识。

那么，村上春树作品又是如何表现第三者的呢？首先，很多此类故事的结局都以主人公失去妻子及情人而告终。例如《寻羊冒险记》的开篇就提到“我”与妻子离婚后，妻子跑去与“我”的朋友——一名爵士吉他手同居。这就是典型的三角关系。然而，“我”竟然毫无嫉妒之感，也没有将那个朋友当成情敌。“我”认为，“这种事在现实中也时有发生”，“没什么大不了的”。[105] 而且，“这件事终归是她自己的问题”。在故事结尾，“我”再次想到了那个与妻子同居的男人，却始终搞不懂妻子为何会选择他。最终“我”得出的结论是，“他比我会弹吉他，而我比他会洗盘子。”[106]

梦境分析认为，男性梦到自己的妻子或情人另有恋爱对象的案例具有重要意义，因为对方身上表现出自己所不具备的特征或特质。从心理学角度而言，此类男性比妻子、情人更具有研究意义。然而，如果连当事人都搞不懂对手的优势何在，上述心理学理论便无法解释村上春树作品中人物的心理状态。不过，《奇鸟行状录》中久美子的哥哥绵谷升也许是个例外。可见，欲望三角形理论并不完全适用于村上春树作品，因为这些人物并未构成真正意义上的三角关系。夏目漱石的《心》以第三者为媒介来描写现代个体的主体性，而村上春树作品中的第三者在主体性形成过程中甚至起不到丝毫的抑制作用。这种特点不仅表现在男性失去女性的三角关系中，对于女性失去男性的三角关系也同样适用。例如，天吾与有夫之妇的交往以及《斯普特尼克恋人》中“我”与学生母亲的情人关系都属于此类三角关系，而这些女性的丈夫在故事中却显得无足轻重。

第三者与超越性意识

村上春树作品中另一值得注意的三角关系是存在于既定情侣关系中的第三者——“我”。与有夫之妇交往的天吾虽然属于此类情形，但由于对方丈夫的特征不甚明显，所以构不成严格意义上的三角关系。《舞！舞！舞！》中的“我”既介入了喜喜与五反田的关系中，也介入了咪咪与五反田的关系中。另外，《斯普特尼克恋人》主要描写了敏与堇这两个女性之间的恋情，虽然“我”爱上了堇，但对于两个女性而言，“我”却处于第三者的位置。

表现这类三角关系的最典型例子就是《挪威的森林》。“我”时而介入永泽与初美的恋情中，时而出现在木月与直子这对青梅竹马的情侣身边。而且，“我”的出现还会让情侣间的关系更为融洽。因此，“我”是他们爱情的激活剂，而并非威胁两人关系的第三者。或许故事中的“我”并不存在于现实中，也不与现实对象发生任何关联，于是这类第三者就成了一种被现实排除在外的滑稽小丑，或者说个体意识表现出解离化的特征。

然而，这类第三者并不会一直被排除在情侣关系之外，当情侣中的一方死亡时他就会与另一方组成新的情侣。例如《挪威的森林》中的木月自杀后，“我”与直子暂时成了情侣。然而这样的关系并不长久，后来直子离开“我”住进了医院，并与玲子交往甚密，而“我”也再度成了第三者。之后，直子自杀，而“我”又开始与玲子交往。相似的情节还出现在《舞！舞！舞！》中，喜喜、咪咪及五反田相继死去，即便“我”曾短时介入这些情侣关系中，却仍改变不了自己第三者的基本立场。

因此，无论是《挪威的森林》中的“我”，还是《舞！舞！舞！》中的“我”都不是被情侣及现实所排斥的第三者，而是神圣情侣的见证者。当与“我”有关的情侣的一方被彼岸世界召唤而去时，他们就形成了超越性神圣情侣，而“我”则被这种超越性排除在外。因此，与其说作为第三者的“我”不与现实发生关联，莫不如说“我”不与神圣事物发生关联，或者说“我”仅是一种接近于神圣的存在。

《挪威的森林》及《舞！舞！舞！》中的第三者一直伴随在神圣情侣的身边，同时目睹了情侣中的一方被超越性召唤而去。尤其是《挪威的森林》中，类似事情似乎永无休止。人们总是在失去对方之后才开始想念对方，就像直子对木月、玲子对直子。在《舞！舞！舞！》中，虽然“我”对由美吉的爱情因现实而终止，但这与超越性联系却是背道而驰的。

村上春树作品中的第三者不同于夏目漱石作品中完整的三角关系，是一种消极的三角关系。尽管《心》中出现了明治天皇之死、乃木希典自杀、K 自杀及先生自杀等一系列的死亡情节，但先生好友 K 的第三者身份是确凿无疑的。然而，村上春树作品中第三者的立场大都模糊不清，有时甚至彻底消失，如此消极的第三者很难形成完整的三角关系。因此《1Q84》通过与超越性建立联系而形成了四者关系（即四位一体性），于是整个故事的发展方向也有了巨大变化。精神分析中表示时间的术语“反复性”“事后性”在这里并不适用，而“同时性”则显得更为贴切。

超越性的不彻底性

在《1Q84》BOOK3 中，凡人之爱的实现使得超越性被排除，同时被排除的超越性又以第三要素（青豆的孩子、牛河）的形式再现。然而，BOOK3 中超越性的表现形式终归发生了改变。

青豆得知自己怀孕后，竟然不知不觉地默念起祷告文。最让青豆感到不可思议的是尽管她根本不相信祷告文的内容，但那些词语还是脱口而出。当她在藏身的公寓中监视公园的动静时，“青豆突然发现，原来自己是信神的。”（BOOK3，270 页）自从青豆懂事以来，她的耳中就灌满了关于神的各种言论，这让她对神既痛恨又排斥。然而，当她机械地诵读祷告文时才突然发现，“自己在潜意识中是相信神的”。当然，她既不会像“证人会”的信徒那样狂热，也不会像从前那样坚决排斥，她的行为就像日本人去神社会合掌祈祷、基督徒去教堂会画十字以及天主教国家的足球运动员上场前会在胸前画十字一样自然。即便我们主观意识不相信神，但这些无意识的日常行为也透露出对神的尊崇。

另外，书中对神做了如下描写，“他没有具体的样貌姿态，并非身着白衣也未蓄长须。他不持有任何教义、法典及规范；他从不给予奖赏、惩罚，也不施舍、掠夺；他既不创造飞升的天堂

也不制造陷落的地狱。无论世事如何变幻，神就在这里。”（BOOK3，271 页）

也许牛河被 Tamaru 杀害前也对神产生过上述感觉，因此他一直默念着刻在伯林根塔入口的荣格名言——“无论冷暖与否，神就在这里。”当时，荣格感到用任何文字、绘画都无法表达自己内心的感受，于是他在苏黎世湖畔南端的伯林根用石头修起了一座高塔，并在入口处刻上了与位于库斯纳赫特（Kusnacht）的家中大门上相同的词语。这句话的原文是“无论是否被召唤”（Called or not called，拉丁语：vocatus atque non vocatus），而书中则将此句变成了“无论冷暖与否”（cold or not cold），这俨然是一个稍显拙劣的玩笑。

或许我们可以将其理解为后现代式真理及象征意义的脱节，该手法不是隐喻而是转喻。至于《1Q84》为何选用“冷暖”一词，则源于故事本身的象征意义。《神的孩子全跳舞》中的善也在十三岁时舍弃信仰，不仅是因为自我意识的觉醒，也是由于“身为神的父亲的无止境的冷漠”。因此，对于神而言，冷漠这一点至关重要。然而，随着青豆对“证人会”及父母的恨意逐渐消失，神的冷漠也变得无足轻重，“神是无处不在的”，他是“沉重、黑暗、默然的石头心肠”[107]。可见，神的冷漠其实就是一种沉默，这与荣格所言“无论是否被召唤”的含义基本相同。

相信很多读者都对《1Q84》中青豆的立场及整个故事的走向抱有疑问，那么就让我们再重新分析一下整个故事的脉络。

第九章

存在的逆转

《1Q84》中的爱并非始于人类或个人，而是始于神或超越性世界。因此，1Q84 世界是一个完全颠倒的世界，其中的所有事物都是逆转的。

这种逆转不仅出现在《1Q84》中，在其他的村上春树作品中也很常见。而且，这种逆转不限于神圣关系与人际关系，还包含个体与家庭、想象与现实等各个环节。

始于人抑或始于神

很多读者都对《1Q84》中青豆与天吾的爱情故事倾心不已，然而正如第六章所述，他们之间并非单纯的恋爱关系，而是由深绘里与“先驱”领袖的介入而构成的四者关系，即荣格的“婚姻的四位一体性”。其中，深绘里与“先驱”领袖构成了神圣情侣，以促使青豆、天吾与超越性发生联系。后来，青豆与天吾排除了这种超越性从而实现了凡人之爱。

虽然荣格的模型适用于这四者的关系，但《1Q84》毕竟有不同寻常之处，这里将深入讨论。荣格在研究男女关系时，将阿尼玛与阿尼姆斯作为人们潜意识里理想的异性形象，但这两个形象是以现实人际关系为基础而形成的。因此，他在《移情心理学》中指出，表兄妹之间的通婚是为了避免近亲性的一项重要的人类文化成果，正如炼金师不会直接与其神秘妹妹发生关系，而是通过国王与王后来象征阿尼玛与阿尼姆斯之间的联系。《移情心理学》还指出，要分析国王与王后的关系，就不能把焦点放在人际关系上。而且，荣格在晚年的巨著《神秘的结合》中指出人际关系无足轻重，国王与王后的关系以及太阳与月亮的关系更为重要。可见，他所说的“结合”并非人与人的结合，而是一种神圣关系或彼岸关系的结合。由此，荣格的研究重心从包含人际关系、理想异性的个体人格形成而转向了神圣关系。

那么《1Q84》中的人物关系如何呢？故事开始时的青豆与天吾天各一方，就人际关系而言并未有任何联系。后来，青豆因“先驱”领袖对少女犯下的罪行而决定杀掉对方，在要动手的前一刻，她突然发现对方与超越性的真实联系以及他与深绘里进行的神圣仪式的意义。神圣事物与现实交汇的瞬间成了故事发展的重大转折点。于是，在那个雷雨之夜青豆杀死了“先驱”领袖，天吾与深绘里发生了性关系，青豆与天吾同时实现了与神圣之物的相交。后来，随着青豆与天吾排除并区别这种神圣关系，两人的爱情才得以最终成立。

荣格认为，所谓结合是以男女关系为起点、以超越性结合为终点得以实现，而《1Q84》中的结合则始于超越性的神圣关系而最终归于凡人之爱。荣格倡导由凡人之爱升华至超越性的神圣关系，而《1Q84》则提倡由神圣关系回归至凡人世界。可见，《1Q84》中的爱并非始于人类或个人，而是始于神或超越性世界。因此，1Q84 世界是一个完全颠倒的世界，其中的所有事物都是逆转的。

这种逆转不仅出现在《1Q84》中，在村上春树的其他作品中也很常见。而且，这种逆转不限于神圣关系与人际关系，还包含个体与家庭、想象与现实等各个环节，对此我们将在本章继续探讨。

前现代世界观与当代世界观

《天黑以后》的开篇就描写了一个最具代表性的颠倒世界，文中选取了高空俯瞰的视角，“整座城市一下映入我的眼帘。我们就像翱翔于夜空的鸟儿一样，俯瞰着整个城市”[108]。可见，作者选取的视角既非来自个人也非常规视角，而是一种完全抽象的绝高之地。

然而，从整个人类的历史进程而言，《天黑以后》的视角是极其少见的。荣格派心理分析学家沃夫冈·吉格利希认为，前现代世界观中的人们对神是一种仰望与崇拜的态度。[109] 因此，人的视角多被束缚于地面。例如，日耳曼神话中盘卷整个世界的米德加尔特巨蟒以及希腊神话中环绕大地的俄刻阿诺斯之河，人类世界被包围、束缚在巨蟒、大河之中。因此，人类才会对自由的天上世界满怀憧憬，基督教文化中高大的哥特式建筑正是为了契合人们对天神世界的崇拜心理。古代日本人遥拜先祖山林的习俗，也是源于地面人们对天神世界的崇拜。当村子遭遇饥荒或村民无法生活下去时，他们会抛弃一切走入深山以期望进入神的世界。正因为地上事物及组织的局限性，才使得人们对自由的天上世界格外向往。

然而，正如吉格利希所言，上述世界观在当代世界中已被彻底颠覆。在西方的大航海时代，逐渐从束缚中解放出来的人们已不满足于水平空间的移动，甚至还追求垂直空间的移动，以求能像神一样从高空俯瞰大地。因此，才有了人造卫星、谷歌地图、可供个人定位的 GPS 及驾驶导航系统。于是，我们在开车时的视角并不限于车内，而是伸展到能确定自我位置的上空。因此，2004 年出版的《天黑以后》的开篇就以这种视角巧妙地捕捉到当代意识的特点。

归于地面

那么，获得神的视角的人类是否已完成人的存在这一课题呢？如果就前现代世界观而言，结论或许是肯定的。然而，不同的世界观会衍生出不同课题。正如吉格利希所言，前现代宗教的课题是脱离地面束缚飞升至上天，相反地，当代心理学的课题则是从上天降落至地面。[110]

这里，让我们再重温一下《天黑以后》的开篇，文中视角由高空逐渐下降，“我们的视线集中到光线最亮的一处，并朝向它徐徐下降。”随后，视线进入了Denny’s餐厅内，“店内的一切均可用来交换，因此常是顾客盈门的状态。我环顾店内一周，目光停留在一个女孩身上。为何会选择她而不是其他人呢？”可见，这里的视线下降并非简单地降落在地面，而是必须通过特定人物建立起某种关系。另外，文中的“一切均可用来交换”一句揭示出从高空的抽象视角来选择特定人物其实是一件极其困难的事。文中的女孩就是小说的主人公浅井玛丽，但这里并不存在选择的必然性，只是因为不选择她故事就无法展开。同时，这种叙事手法也与作品流露出的当代意识特征相吻合，因为这类故事不可能直接选定餐厅视角，而是选择了高空的抽象视角。

我认为《天黑以后》的开篇极具深意，它对比了前现代、现代人们与后现代人们之间的意识形态的区别，前者挣脱地面束缚而渴望达到神及超越性的境界，后者从抽象视角回归地面并重新建立起现实性联系。

在村上春树作品中，描写后现代意识回归现实的最重要作品当属《挪威的森林》，书中的人际关系与恋爱关系极为错综复杂。叙述者“我”寻求并介入到各种关系中，最终却还是落寞收场。故事从“我”乘坐波音 747 飞机抵达汉堡机场开始，那么这是否象征着飘忽不定的碎片化意识已经回归到现实呢？当“我”在机场听到披头士的《挪威的森林》时，不由得回想起二十岁时的种种往事。可见，当时的“我”并未真正与现实发生联系，也未真正回归到现实。

另外，《挪威的森林》的结尾“我”给小绿打电话的情节也进一步证明了上述结论。电话另一端，小绿在长久的沉默后终于开口问道，“你现在在哪儿？”而我的回答竟是反问了一句，“我现在在哪儿？”随后，小说的结尾写道，“我手握听筒，抬头环顾了一下电话亭，暗自思忖自己究竟身在何处？（中略）我站在这莫名世界的中央不断呼唤着小绿。”[111]可见，这种与地面及现实毫无瓜葛的飘忽状态就是整部作品的基调，同时也为后续作品的展开提供了支点。

发现现实

那么，作为村上春树作品转折点的《挪威的森林》之后的作品，又是如何描写回归现实与发现现实的呢？村上春树作品旨在探索某种新型关系，而并非传统意义上的小说，因此他不会从现实出发去探讨某些非现实的事物。《斯普特尼克恋人》中敏与堇的关系就属于这种非现实性关系。当二十二岁的堇初次陷入情网时，对象竟是一个大她十七岁且已婚的外国女性。可见，她们的关系需要打破多重禁忌。虽然当代社会对女同性恋的态度日渐包容，堇与敏的关系也无可厚非，但这种超越生物学伦理的倾向在村上春树作品中表现得尤为明显。在《海边的卡夫卡》中，患有血友病的女性大岛就是一个以男性装扮示人的同性恋者。虽然，女性打扮成男性暗示着个体自身对男性的渴望，但是女性患有血友病在生物学上根本不成立。此外《1Q84》中青豆怀孕也违反了生物学规律。

虽然村上春树作品中的离奇事件在现实中很少见，但他的作品并非科幻小说，而是极为贴近现实生活，有时故事中也会描写一些常见的家庭关系与人际关系。村上春树在《挪威的森林》之后的作品中，打破了出场人物解离化、孤立化的特点，虽然他描写的都是常见事物，却依然延续了原有作品中的人物关系。

例如《奇鸟行状录》中的主题虽然十分多样，但他却从最常见的夫妻关系入手。[112] 故事中的“我”与久美子结婚，过着普通生活。这与之前村上春树作品中主人公或叙述者的孤立生活状态相比有了明显变化。很多读者在开始阅读这部小说时，都会将其当成描写夫妻矛盾的小说。例如，当“我”无意中买回了久美子最讨厌的蓝色纸抽和带图案的厕纸时，她对“我”说，“我真没想到，你到现在都没发现我们是一起生活的吗？”[113]

此外，《奇鸟行状录》的另一重要特点就是主体对现实的承诺。加纳克里特是一对奇怪姐妹中的妹妹，她曾对“我”说，“自己从没特别想做某件事”，而且宣布，“我要让自己堂堂正正地活着。”[114]“我”即冈田亨完全处于一种被动的生活状态中，每天就是坐在长椅上或枯井里冥想，然而对妻子的兄长绵谷升的憎恨却让“我”改变了这种生活方式。

如果说《奇鸟行状录》是从夫妻关系入手的，那么《海边的卡夫卡》则着眼于家庭关系。少年卡夫卡因离家出走而变得孤身一人，正因如此，他要去找寻自己的父母及姐姐。

同样，在《天黑以后》中也涉及玛丽与惠丽这对姐妹的关系。小说结尾写道，“我们化为一个简单视角，在城市上空。”由此，小说的视角又重新回到高空，然后玛丽走入惠丽的房间，依偎在姐姐身边沉沉入睡。至此全篇小说结束。

非典型式家庭

如上，《挪威的森林》之后的村上春树作品中对夫妻关系、亲子关系及兄弟姐妹的关系多有描写，但这些关系并不同于现实中的常见关系。

《奇鸟行状录》中的夫妻关系因久美子的突然失踪而发生改变，导致之前并不稳定的夫妻关系必须进行重建。其间，通过电话挑逗“我”的女性、灵媒兼娼妓的加纳克里特以及奇怪少女笠原 May 都介入“我”的生活中。尤其是加纳克里特借用久美子衣服一节，暗示出前者对后者的取代作用。然而，这种取代仅是填补了久美子的空缺，也可理解为克里特表现出久美子不具备的性格特征或是某些心理学无法解读的性格特征。如前所述，村上春树作品中多数的三者关系很难用常见的心理学概念进行解释，就像书中的“我”虽然一直想念着妻子久美子，但加纳克里特与奇怪少女笠原 May 都具有取代久美子的可能（笠原 May 曾给“我”写信说，“感觉自己最近越来越像久美子。”[115]）。

另外，《海边的卡夫卡》中的家庭关系也是非典型性的。其中，卡夫卡的父亲被杀，而凶手很可能就是在另一场所出现的浑身血迹的卡夫卡。而且，他离家出走后在公交车上偶遇的樱小姐很可能就是他的姐姐，而他藏身的图书馆的馆长佐伯女士可能就是他的母亲。所有这些相遇都直接与谋杀及性发生交集，而且所有关系的建立都缺乏媒介，这些可能的家庭人物关系既不具有象征意义也不具有隐喻性。[116] 佐伯并不象征少年卡夫卡的母亲也非其母亲形象的投影，当她与母亲发生置换的同时就不再具有母亲的属性。

虽然村上春树在《挪威的森林》之后的作品常以家庭关系为中心，但此时的家庭关系已非常规意义上的家庭关系。这些作品以既有家庭为基础，但并不将其作为重点描写对象，而是通过后期的创作、发现来确定这一现实事物。

因此，村上春树作品中的妻子、母亲以及那些被放大的家庭关系都处于一种缺失的状态。《奇鸟行状录》中的久美子离家出走后便就此消失；《海边的卡夫卡》中的少年卡夫卡也离家出走，并因此与父亲重聚。而且，少年卡夫卡的母亲及姐姐也在卡夫卡四岁时离家出走。《斯普特尼克恋人》中虽不涉及家庭关系及夫妻关系，但堇的消失使得各种人物关系逐渐显现出来。可见，村上春树是在缺失某种关系的基础上来重建关系。

发现个人经历的《1Q84》

《1Q84》对所有出场人物的个人经历都做了详细描写，这是该作品与之前村上春树作品的最大不同之处。现代意识旨在实现个体的解放与独立，而家庭关系与个人经历是个体挣脱束缚的最大障碍。极端的后现代意识表现为个体的极度孤立及个人经历的空白，个体与他人发生偶然联系的渠道仅有性与暴力。然而，当个体要回归现实时，个人经历会起到至关重要的作用。

之前的村上春树作品对出场人物的个人经历也有所描写，例如《奇鸟行状录》中一个名为“纳兹梅格”的具有神奇治愈能力的女性。她对“我”谈起了自己的成长经历，但是“她讲话缺乏逻辑性，总是随心所欲地转换话题”。而且，“还总是说一些自己并未亲眼所见的事情。”可见，纳兹梅格的个人经历听起来有点像神话故事。

《奇鸟行状录》中对妻子久美子的个人经历及家庭关系也做了详细描写，但对于“我”的过去却只字未提。《斯普特尼克恋人》中“我”的过去也是一片空白，文中仅做了如下介绍——“我生长在一个普通的家庭中，因为我的家太过平常，不知道该如何描述。”此外，《寻羊冒险记》中的“俏耳朵”也曾让“我”讲讲自己的经历，而“我”的回答仅有两个字——“普通”。在故事开始前，主人公或叙述者的过去并无任何意义，所以文中仅用“平常”“普通”等字眼一带而过。

与之相比，《1Q84》中并不存在“我”这个第一人称，书中不仅对主要人物青豆、天吾的经历做了详细描写，对其他各色人物的背景描写也十分详尽，就连恐怖人物牛河的成长经历及家庭关系也做了详细交代。唯一的例外就是编辑小松。牛河的家庭有父母、两个兄弟及一个妹妹，而且他的兄弟妹妹都是身材高挑、脸形俊美的精英人士，相比之下脑形硕大、身材矮小的牛河就显得十分怪异。

如上文所述，《海边的卡夫卡》中的家庭关系是非典型性的，因此故事中的人物经历也不免让人生疑。《1Q84》中的天吾也是如此，他在一岁半时对母亲的最初记忆就是，“她脱掉罩衫，解开白色长裙的肩带，让一个并非父亲的男子吸吮自己的乳房。”（BOOK1，30 页）可见，天吾对自己的身世一直抱有疑问。然而，那时的记忆也许并非事实，而只是天吾的想象。后来，当天吾向患有阿尔茨海默症的父亲追问真相时，得到了他并非亲生子的答案，但事实究竟如何不得而知。他可能是母亲与其情人的孩子，而母亲则可能被情人所杀（据牛河调查）。

《1Q84》中包括天吾在内的很多人的经历都具有这种暧昧不清、故意捏造的特点。现代意识主张个体从经历中解放出来，而后现代意识中的个人经历则处于缺失状态，就像菲利普·K. 迪克

（Philip K. Dick）的小说《智能机器人是否梦见电子羊？》（“*Do Androids Dream of Electric Sheep ?*”后被改编为电影《银翼杀手》）中的仿人机器人，他们的经历就是被制作出来的。因此，《1Q84》中的人物经历也可能是一种构思精巧的设计。

模拟性现实

村上春树作品通过各种家庭关系及个人经历来实现个体对现实的回归，但所谓现实不过是一些被创作出来的东西而已。因此，故事中出现的父母与个人经历也许并不是真正意义上的父母与个人经历。于是，个体回归现实后对现实的不可达成性就成了后现代意识的重要课题。

天吾在寻找生父的过程中得到的答案是，“他是空白，你的母亲与空白交合从而有了你，而我不过是填补了这空白。”（BOOK2，183 页）所谓现实不过是一种能填补空白的可交换物，而妻子的空白也能由加纳克里特、笠原 May 填补而成。《奇鸟行状录》《斯普特尼克恋人》及《海边的卡夫卡》等作品中的夫妻关系、亲子关系及恋人关系中均有空白，只不过有些空白能被他人填补，而有些空白则一直残存着，就像消失在彼岸世界的堇所遗留的空白一样。

《1Q84》中最耐人寻味的地方就在于故事本身的现实性及故事发展的非现实性。因为故事本身就是一种空白，因此没必要否定那些填补空白事物的非现实性。这些事物本身是一种接近于现实的存在，而且整个故事的设计也并非完全虚构。因为 1Q84 世界本身就是一个逆转的世界，并不存在纯粹的、根源性的现实，只存在这种被创造出来的现实。个体之所以无法回归现实，既可能是个体自身对现实的理解存在偏差，也可能是我们老早之前就已经回归到现实。

上述理论的最有力证据就是青豆怀孕。青豆腹中的孩子完全不符合生物学规律，是被创造出来的家庭关系及现实关系的极端表现。这个孩子既可能是青豆与“先驱”领袖的孩子，也可能是天吾与深绘里的孩子，然而青豆却确信孩子属于天吾。当她与天吾重逢时，对天吾说道，“你是真的相信我吧？我腹中的小生命就是你的孩子”。天吾回答，“我深信不疑”（BOOK3，578 页）。可见，天吾是孩子父亲一事已被当成了既定现实。

让人坚信不疑的不仅是现实，还有超越性。虽然现代意识对超越性及神持否定态度，但很多狂热的宗教组织则对其深信不疑。青豆在十岁期时因现代意识的觉醒而脱离了“证人会”，但是当她确定自己腹中的孩子属于天吾时，竟然情不自禁地默念起“证人会”的祷告文，她对自己并不相信却能脱口而出的祷告感到十分诧异（BOOK3，217 页）。青豆曾跟中野步说过，“王国很快就要来临。”（BOOK1，345 页）为能从两个月亮的 1Q84 世界重返现实世界，青豆与天吾一起爬上了高速公路的消防梯，随后她又默念起“证人会”的祷告文（BOOK3，594 ~ 595 页）。青豆认为自己的信仰与“证人会”教徒们的信仰完全不同，她的信仰既不空虚也不是装样子，因为她已隐隐感觉到了超越性及神的存在。由此，《1Q84》在对现实及超越性的肯定中走向了结尾。

灵魂中的现实

虽然《1Q84》是皆大欢喜的结局，现实与超越性也终获肯定，但我们阅读故事不能仅看结果。《1Q84》通过故事让我们对现实及超越性进行了一次深刻而广泛的冥想（Meditation）。“冥想”是佛教用语，包括从现实上升至超越的“往生”过程及由超越回归到现实的“复还”过程。例如，禅宗佛教最初阶段的“山是山，水是水”会随着冥想的加深而逐渐消失，进入“山非山，水非水”的阶段，此时事物之间的区别与共性均已消失，从而达到了“无”的境界。然而冥想并未停止，会重新回到“山是山，水是水”的阶段。不过，由于此时回归的现实经历了“无”的过程，已非最初的现实。

在《1Q84》的前半部，人们对神圣事物及超越性并非是主动追求的态度，而是将其视为空白。“先驱”领袖被当成神棍，青豆与天吾则处于放弃爱情的孤立状态中。所有一切皆是空白。这种超越性的空白状态对应着现实性的缺失，即“山是山”的阶段并不成立。此时的“山”被永久替换成“A、B、C……”，就像青豆的那些一夜情对象一样处于偏离状态，并不存在确凿无疑的现实。回归现实是后现代意识的重要课题，然而高空俯瞰时的世界并不存在超越性及其他事物，只是一个无所谓现实性、超越性的世界。正如天吾父亲所言，这是一个可随意填满、随意置换空白的世界。也许很多人会将此处的空白理解为佛教所言的“无”，然而佛教的“无”是动态的，而此处的空白仅是空白而已，并不同于“无”的状态。

由于最初阶段的“山是山”的世界并不成立，而是一个“山”被替换成“A、B、C……”的世界，因此这里的冥想并不同于之前的过程，而是通过走下消防梯来实现1Q84世界的“往生”。由此，不断更换一夜情对象的青豆由横向偏离状态进入了垂直维度，此时月亮变成了两个，1984年变成了1Q84年。于是，故事进入了“山非山，水非水”的阶段。然而，该世界并非无限替换的世界，所有的对立性两重事物都暗示着事物本身的统一性，就像“母亲”与“女儿”在分裂的同时也象征着结合。

为完成灵魂的冥想而重归现实就不能停留在两重性的状态，而必须实现其统一性。因此，青豆与天吾会在雷雨夜分别与神圣事物发生关系而达到了合二为一的境界。此时的超越性不仅是空白的也是充盈的，就像荣格《红书》中的菲利蒙（Philemon）对死者所言，“无即是充盈”，因此“无”并非仅是空白。

如果将《华严经》中对“存在”的解释加以简化，其内容为：在所有事物互相联系、映衬、渗透的世界里，其存在的表层并不为常人所见。只有走下消防梯进入这个分裂的世界并由此达到统一，才能真正看到存在的深层世界。在那里所有事物都是互相映衬、渗透的，因此青豆才可以通过非物理性接触而怀上天吾的孩子。

此外，《1Q84》中天吾与安达久美一起吸食大麻也属于此种状态。天吾在吸食大麻前听到了附近树林里猫头鹰的叫声，当他吸食大麻后，猫头鹰就成了天吾意识中的一部分。因此，天吾会说，“我的身体中住着一只猫头鹰。”（BOOK3，180 页）于是，他在想象中穿过树林回到了小学教室，见到了酷似青豆的安达久美。可见，所有事物都是交汇融合的。

然而，这种超越性不会一直停留在这个交汇融合的世界里，正因为他们有过超越性的体验，才不会继续谋求与超越性发生联系，而是寻找一种回归现实的“复还”。而且，这种“复还”是通过与“往生”相反的方式即爬上消防梯才得以完成。作者通过向上的维度实现了对现实的回归，同时暗示出 1Q84 是一个失去上下隐喻意义的世界。当青豆爬上消防梯时，月亮变成了一个，而她也重回到“山是山，水是水”的世界。不过，此时的现实经历了超越性过程，已非原来的现实世界。进而言之，《1Q84》中的后现代意识并不存在于现实中，而是通过与超越性发生联系而获得对现实的发现与肯定。

于是，灵魂动向对发现现实起到了至关重要的作用。例如，青豆与天吾的恋爱及对现实的肯定就经历了对现实的否定、分裂及与超越性建立联系等各种灵魂动向，因此他们的故事绝非简单的大团圆结局，而是一种历经磨合的最妥善而完满的结局。最后发现的不只是现实，还有所有的灵魂动向、广泛冥想及朝圣都具有现实性意义，也都与超越性发生关联。正因如此，该部作品必须以一个故事的形式加以展开。

青豆爬上消防梯离开1Q84世界时，突然想起“先驱”领袖在临死前哼唱的歌（BOOK3，588页）。在此，暂且以这首歌为《1Q84》中灵魂动向的讨论收尾吧。

这是演绎的世界
一切均为假装
如果你相信我
一切均可成真

第十章

重回故事

村上春树通过一定的创作手法从内在挖掘出那些已经消亡的大故事。那么问题来了，村上春树作品广受欢迎究竟得益于覆盖整体脉络的大故事，还是一个个碎片化的小故事呢？人们从村上春树故事中获得何种收获，又会被何种故事所吸引呢？

被隐去的故事

如第一章所述，村上春树故事在简单易懂的同时，会将读者不知不觉引向另一空间维度，也可将其称为前现代世界或超越性。《1Q84》中青豆走下高速公路的消防梯就暗含着她将进入这样的世界。于是，她在1Q84世界会看到两个月亮，同时还经历了一些意想不到的事情。

然后，当青豆、“先驱”领袖、深绘里及天吾四人在雷雨夜发生交集时，整个故事的发展又从超越性顶点逐渐向现实回归。于是，青豆与天吾再度重逢，而且故事最后他们沿着消防梯重返高速公路，就像两个月亮重新变为一个月亮一样，青豆与天吾回归现实也在情理之中。BOOK3最后一章的标题“豆入荚中”就预示着整个故事的帷幕已落下。然而，此时的各种事物的动向仍值得我们关注，也让我们进一步感受到该部作品的神奇力量。

首先，值得关注的动向之一就是小说《空气蛹》的命运。据天吾推测，这本极具幻想性的神奇作品可能来自深绘里的个人经历。《空气蛹》出版后获得了文艺杂志新人奖以及“最畅销书”。由于《空气蛹》中的世界也能看到两个月亮，所以它可看作是1Q84世界的前身，也许只有《空气蛹》中的世界才是区别于 1984 年的 1Q84 世界。然而，《空气蛹》却从《1Q84》的后半部中逐渐消失了，其原因是《空气蛹》的出版给“先驱”组织造成了很大困扰，于是他们从人们的视线中抹去了这部作品。

其中，旨在推动《空气蛹》出版的编辑小松提出由天吾修改深绘里的手稿，而他却因此遭到“先驱”组织的绑架。当青豆为暗杀“先驱”领袖而来到宾馆的一个房间时，遇到了“光头”和“马尾辫”，他们都认为《空气蛹》之所以能获得新人奖是因为有人在评选开始前对稿件进行了大幅修改，而这个人就是小松。后来，他们以此为证据威胁小松，使其不得不打消出版《空气蛹》的念头。虽然小松没有完全撤回市场上的《空气蛹》，但他在董事会上故意淡化写手一事，同时中止了小说的增印。最终，这本“最畅销书”未能推出小型平装本而终成了绝版书。

那么，“先驱”为何执意要消灭《空气蛹》呢？其原因在于《空气蛹》将“先驱”组织的秘密公之于众，从而使其失去了与超越性的联系。“光头”曾对小松说，“我们已停止与他们交谈”，随后又说道，“这种局面都是《空气蛹》出版所致。”因此，“先驱”才让小松想尽一切办法消灭《空气蛹》，于是小松被释放后立即采取行动让这部作品成了绝版。

BOOK3 的故事主要围绕青豆与天吾的重逢展开，作为 1Q84 世界精髓的《空气蛹》被人抹去也暗示着故事本身的隐秘性。这就如同心理学差异认定的灵魂维度与人类维度之间的区别，在青豆与天吾的凡人之爱展开的同时，描写灵魂维度的《空气蛹》自然会消失。在《1Q84》中存在两种属性的故事，而其中消失的才是寓意深厚的故事。要充分理解《1Q84》，就要认真思考该作品中已表达出的东西及隐去的东西。《1Q84》中的故事是矛盾而充满变数的，为能更好地理解该部作品，我们将在本书的最后一章再次研读村上春树故事。

仪式与故事

《空气蛹》中的少女被指派去照顾一只瞎眼老山羊，可她却因一时疏忽而导致山羊死亡，于是“部落”为惩罚少女将她与死山羊一起关入仓库十天。当晚，从死山羊口中走出了很多“小人儿”，他们在空气中抽丝并做成“空气蛹”。

如第五章所述，故事中的惩罚其实是一种仪式。死山羊是一种活祭，此岸通过它与彼岸世界发生联系，于是彼岸世界的小人儿会从山羊口中走出，并与此岸进行交流。因此，这种惩罚就是与彼岸世界发生联系的启蒙性仪式。故事中的少女已满十岁，马上就要进入成人阶段，所以这种启蒙性仪式是必不可少的。人类文化学的研究指出，很多部落的启蒙仪式就是将本部落的神话以及关于彼岸世界的一些秘密知识教给孩子。故事中的少女审视空气蛹中的自己与巫师的试炼仪式十分相像，只不过这种启蒙仪式究竟是对“先驱”组织的有意模仿还是无意为之，我们不得而知。

如果《空气蛹》中少女所受的处罚是一种仪式的话，其他村上春树作品中的暴力、血腥场面也很可能与某种仪式有关。如之前提到的《奇鸟行状录》中，日本间谍山本在诺门罕被蒙古军人活扒皮的情节，作者要表现的并非残酷的审讯过程，而是一种类似于蛇蜕皮的重生仪式。《海边的卡夫卡》中的Johnnie Walker（可能是少年卡夫卡的父亲）割猫头、食猫心也并非单纯的猎奇行为，而是一种类似于阿伊努人的“熊祭”仪式，因为很多民族都将头部当成灵魂的归属地。古人认为人体内脏具有独立的生命力，因此古代极刑中的五马分尸会将人体内脏暴露于市井。[117]古人尤其认为心脏是生命之源[118]，《白雪公主》中的王后命令猎人杀死白雪公主后将其肺脏、肝脏带回，猎人因同情白雪公主而用野猪内脏取而代之。可见，童话故事中也折射出内脏仪式的意义。

关于此种仪式的意义以及这些故事的背景意义，《斯普特尼克恋人》中的一段插叙故事十分具有启发性。主人公堇志在成为一名作家，当她尝试把满腔思绪化为文字时却发现遗漏了最重要的东西，因此她不免怀疑自己缺乏“成为作家的最重要因素”。听闻此事，“我”便给堇讲了一个关于中国古代城门的故事。在中国古代的城墙上修建着若干造型雄伟的城门，很多人都认为城门上依附着城市的灵魂。那么，古代中国人如何修建城门，又会举行何种仪式呢？在此稍加说明。

“人们会推车去往古战场以收集那些四处散落的白骨。因为中国历史悠久，所以古战场十分常见。然后，他们会将白骨压碎并涂抹在城门上，以让死去士兵的英灵守卫着自己的家园。不过，一切还未结束。城门一旦修好，他们会牵来几只狗，然后用短刀刺穿狗的喉咙，将尚且温热的血涂在城门上。如此一来，古老亡灵在鲜血的浸染下才能发挥出巫术般的神力。”[119]

由此可知，中国古代修建城门不仅是一项工程，还要进行涂抹白骨及狗血的活祭仪式。而且，城门不单是为了居民进出及抵御外敌，还能抵御彼岸对此岸的入侵。中国神话故事中的“鬼门关”虽然不是实物，但其作用与上述城门极其相似。另外，设于村落边境的道祖神的规模虽小，也象征着此岸与彼岸的界限。

随后，“我”继续对堇说道：“写小说也同样如此，仅用一些白骨做成的大门是缺乏灵性的。故事的意义就在于它的非现实性，而真正的好故事应该是一种连接此岸世界与彼岸世界的巫术般的洗礼。”[120]

《斯普特尼克恋人》中的这段插叙故事极具深意。首先，它指出故事就是实现此岸与彼岸连接的一种仪式。其次，它认为不关乎彼岸世界及死亡的故事并非真正的故事，人们只有在亲历血腥的过程中才能碰触到真实的彼岸世界。同时，这段插叙故事还指出了故事对于仪式意义的承接性作用。由此可知，《空气蛹》中的故事虽然是偶然事件，却通过仪式的形式描写了此岸与彼岸的联系，而且该故事并非单纯的幻想故事，而是取材于深绘里的个人经历，就连读者兼改写者的天吾也被整个带入到《空气蛹》的故事世界中。

故事中的故事

《1Q84》本身就是一个故事，而《空气蛹》则是故事中的故事，就像村上春树在访谈中谈到的“地下二层”或“隐秘的异空间”。如果故事是一种区别于现实的存在，那么《空气蛹》就是藏于故事中的深层故事。

除了《1Q84》之外，其他村上春树作品中也能看到这种故事套故事的设计，或者将其称为多个短篇构成的长篇。例如《挪威的森林》中的第二章（我的室友“突击队”）及第三章（直子与木月的故事）中如果不出现人物姓名，几乎就是短篇小说《萤》的翻版。另外，《奇鸟行状录》中的此种倾向更为明显，第三部中篇幅长达两章的“夜半故事”不仅关系到整个作品，还可作为一个独立的短篇故事。除了《天黑以后》与《世界尽头与冷酷仙境》这两部由两种视角、两个故事构成的作品之外，多数村上春树作品都是由若干故事构成了一个总的故事。尽管《1Q84》的视角仅有三个（青豆、天吾加上 BOOK3 中的牛河），其中却穿插了非常多的独立故事，例如护士安达久美、编辑小松、天吾父亲、Tamaru 以及柳公馆老妇人的故事。这些故事或是通过自述或是借由作者表述加以介绍。

另外，《1Q84》中还有一篇名为《猫之町》的插叙故事。该故事与萩原朔太郎的小说《猫町》有些相似，但《1Q84》将《猫之町》设定为一个德国作家的虚构小说。天吾去看望父亲的途中曾读过这本小说，故事写的是一个旅客在中途下车来到一个只有猫的城市，然后再也无法返回到自己的城市。天吾与深绘里交谈的过程中，常用“猫之町”来象征彼岸世界，同时也对应着青豆所在的“1Q84”世界。书中还引用了《平家物语》及契诃夫的小说《萨哈林岛》，尤其是天吾让深绘里朗读《萨哈林岛》中吉利亚克人的故事显得尤为重要，另外书中还多次引用《麦克白》以及伊萨克·迪内森（Isak Dinesen）的《远离非洲》中的内容。除了《1Q84》，村上春树的很多作品中都引用了大量的音乐及文学作品，其作品不是单线式结构而更像是一种“拼装式”结构。

这也是村上春树作品后现代意识特征的一种表现形式，即“大叙事”退居为背景，而单个小故事则走到幕前，就像村上春树对电影《挪威的森林》的评价，比起主人公渡边，以一个个女性为主角的小故事显得更为重要。[121] 也可以说，就整个故事而言，主人公自始至终发生的变化并非那么重要，就像《奇鸟行状录》中那篇名为《上吊屋之谜》的周刊报道一样，很多报纸、杂志的报道只注重事态的发展及背景，并不在乎作者的一致性及故事的连贯性。

此外，引用多个故事构成的小说显得缺乏独创性，这也符合后现代故事的叙事特点。因为后现代世界本身就是丧失了原创性与唯一性、通过不断拷贝而成立的世界。不过，村上春树作品中偶然会出现一些独创性故事，以让人感觉到前现代式的力量。

很多村上春树的长篇小说中都会出现一些仪式性的、天马行空的内容，例如《奇鸟行状录》中的“夜半故事”及“此铲非彼铲（夜半故事 2）”的故事。后者故事中有两个男人在拧发条鸟鸣叫的树下用铲子挖洞，而目睹此事的少年则鬼使神差般去寻找那洞穴，却发现洞里有一颗人类的心脏。于是，他用布把心脏包好后用铲子重新培上土，然后回到自己的房间时却发现自己正在床上睡觉。这个故事与巫师审视并分解自己的试炼仪式十分相像，类似于《空气蛹》中“母亲”与“女儿”之间的关系。其中关于心脏的寓意不必重叙。

除了仪式性的内容外，村上春树作品中故事套故事的结构也十分常见。例如《奇鸟行状录》中妻子久美子最后写给“我”的信解开了很多谜团，然而一切并未直接表明而是通过电脑保存永远尘封起来。最后，全书通过笠原 May 的来信得以完结。

此外《斯普特尼克恋人》中的故事也让人印象深刻。“我”通过堇留下的软盘了解到敏在留学期间的神奇经历——她曾从观光缆车中看到公寓中另一个疯狂做爱的自己。堇虽未能将软盘中的内容写成小说，但这部初具雏形的作品却是整部小说的核心内容。

如上，村上春树正是通过这种故事套故事的结构揭示出作品的中心思想，如不设法破解其中密码就无法真正领会其作品的深意。

故事的逆转

由若干短篇组成长篇及故事套故事的结构是村上春树作品的两个显著特点，除此而外，村上春树还经常通过书信形式向读者讲述一些更具深意的故事，就像他在访谈中谈到的“地下二层”或“隐秘的异空间”。具体而言，这些更具深意的故事就隐藏在小说中的软盘、电脑以及绝版书中。正因为这些故事的隐秘性与珍贵性，才使其显得越发重要。那么，我们能否套用这种大、小故事间的关系结构来思考一下人类故事的发展史呢?

如前章所述，在前现代世界中，那种囊括一切的大叙事型故事更能触及人类的深层灵魂，如某些神话或人类的共有仪式。与之相比，涉及个人生活的故事就显得微不足道。当村落、组织处罚罪犯或治疗病人时，也丝毫不顾及个人隐私而是要公开进行。艾伦伯格（Henri Ellenberger）在《发现潜意识》一书中，列举了人类文化学者阿道夫·巴斯蒂安（Adolf Bastian）在村落接受治疗的事情。[122] 巴斯蒂安去南美考察时不幸患病，于是接受了当地巫医的治疗，当他上门求诊时却发现巫医房内有30多个当地人，这些人都是来参加病愈仪式的。可见，治病并非是巴斯蒂安一人的事，而是一件关乎村落全体成员的大事。

另外，前现代世界对罪犯的处罚也并非现代社会这种前期秘密执行、后期公开的方式，而是要在所有村民面前惩处犯人。在中世纪弗兰肯的 Amt Castel 中就留有全体居民手握绞刑绳的记录。[123] 由此可见，在以组织为中心的大故事背景下，个体生病、受罚等事件并不足以构成故事。正如阿部谨也所言，罪犯公开接受处罚时的仪式性意义远重于个人生死，所谓的个人故事在前现代世界中显得无足轻重。神话、传说等大型故事远比其中的出场人物重要。虽然很多神话及历史事件在被改编为小说、戏剧、电影及电视剧的过程中加强了剧中人物的感情表达及个人的故事性，但这些改动终究有悖于神话及历史事件的本质。

这一观点在梦的研究方面也同样适用。人类文化学者指出，很多部落将对其具有重要意义的梦称为“大梦”，所有部落成员必须认可并共有这样的“大梦”。与之相对，个人的梦则为“小梦”，也没必要获得全体部落成员的认可。[124] 可见，在前现代世界中个人故事显得多么微不足道。

然而，村上春树小说中的大故事与小故事之间的关系却发生了逆转。全体社会成员共有的大型故事逐渐演变为一种流行趋势，就连作家自己也承认自己的作品风格十分类似于通俗小说，或者我们也可将其称为轻盈的后现代风格。与此同时，作品中出现的类似《空气蛹》的小故事又让我们感受到前现代世界及超越性事物。因此可以说，村上春树作品中的大故事与小故事的定位发生了彻底性的逆转。

这种逆转既象征着个人独立引起的大故事的内在型变化，同时也反映出人类历史的发展倾向，关于后者下文将做详细阐述。不过，村上春树作品中的逆转显得更具特殊性。以“私小说”为代表的现代小说中的小故事主要倾向于个人情感及“自我”的表达，而村上春树的作品却并非如此。虽然《1Q84》中也有很多关于个人情绪及心理变化的描写，但这并不能代表村上春树的所有作品。同时，村上春树也表示过对于以心理描写为主的“纯文学”的不认同，他曾批评，“那些作品是在费尽心机地写一些麻烦事”[125]。村上春树说过，自己对于以自我剖析为主的夏目漱石的《明暗》感到十分棘手，但是《心》中“先生”留下的遗书可看作故事中的一个完全以个人心理斗争为主题的小故事。与此不同，村上春树作品中的小故事并非关联现代意识，而是为了突然引出前现代世界，这让我们再次明确村上春树作品是处于后现代与前现代的夹缝中。

我认为，以小故事形式出现的前现代事物是为了展示出村上春树作品内在的历史性，就像包围着我们并让我们畏惧的大自然会以公园、动物园等小型自然景观出现一样。[126]虽然现实中的大自然仍有残存，但实际上已被包围在人类世界中，那些被指定的“国立公园”与“世界遗产”就是最有力的证据。除了西方国家外，日本也习惯将神社称为“镇守森林”，因为它保护的对象不是整个大自然，而是形如孤岛的村落型小自然。正因为出现了这种内在性变化，作为大故事的神话、仪式逐渐从外界消失，仅是残存于个体的内心世界。因此，现代心理治疗不会选在公开场合进行，而是在一个相对私密的空间进行一对一的治疗。而且，治疗时的谈话内容也无须组织成员共有，具有极大的隐私性。

荣格注意到，这种内在性变化让个人梦想开始受到古代神话及仪式的影响，于是又有了“原型”“集体潜意识”等概念。然而，这些终归是个人的小故事，并不同于前现代世界中的神话故事。

村上春树作品中大故事与小故事的关系对应着上述内在性变化，或者可以说村上春树通过一定的创作手法从内在挖掘出那些已经消亡的大故事。那么问题来了，村上春树作品广受欢迎究竟得益于覆盖整体脉络的大故事，还是一个个碎片化的小故事呢？人们从村上春树故事中获得何种收获，又会被何种故事所吸引呢？既然《1Q84》成为百万畅销书，那么村上春树在书中写的《空气蛹》是否也能成为百万畅销书呢？

故事的两重性

最后，让我们来思考一下创作及阅读的两重性问题。正如本书第一章所言，《1Q84》故事按照脉络展开的同时，既让读者看到了故事发展的真实样貌又隐去了部分内容，这就是故事的两重性。《1Q84》中青豆与天吾的恋爱部分是最具代表性的例子。

另外，书中还穿插了一些稍显诡异的小故事，如《空气蛹》，该故事就是为了传达出超越性及彼岸世界的讯息，借用《斯普特尼克恋人》中的一句话就是“连接着此岸与彼岸”。仔细想来，正因为现代社会缺乏那种能连接此岸与彼岸的功能性仪式，所以作者必须借助故事来完成。正因为村上春树故事独具此种功能，才会让人们对其作品趋之若鹜。

不过，这些小故事并非只为实现此岸与彼岸的连接，就像《空气蛹》的问世反而导致了此岸与彼岸联系的断绝，就像“先驱”中的光头成员对小松所言，自从《空气蛹》问世以来，他们已无法倾听到来自彼岸的“声音”。由此可知，有时将死亡世界或超越性世界写成故事，反而会导致此岸与彼岸联系的断绝。

在当代世界中以故事形式展示前现代式的死亡世界或超越性世界，很可能会引起此岸与彼岸联系的中断。也许《1Q84》就是在有意识地阐述故事的这种两重性。

BOOK3 以青豆与天吾的恋爱为主线，同时《空气蛹》也逐渐从人们的视线中消失，这也进一步表明了在当代社会中前现代世界及前现代式故事的消亡。《空气蛹》的讲述方式不同于《奇鸟行状录》中间宫中尉的信以及《斯普特尼克恋人》中堇存在软盘中的文章，而是采取了一种片段式的间接阐述。其中，BOOK2 的第十九章对此前只言片语的《空气蛹》故事做了最详尽的阐述，不过它依然构不成独立的故事。总之，《空气蛹》并非直接引用而是间接呈现的作品，或者说该作品是在消亡后才显现出其存在的真正意义。

《空气蛹》的出现是在暗示我们，通过写作可以与超越性发生联系，相反也可能远离并失去这种联系。因此，写作本身就像是前现代世界中的埋葬工作。当我们试图通过心理学观点来解读这些故事与超越性的联系时，却反而离超越性更远。

尽管如此，《1Q84》中的天吾依然尝试写出了《空气蛹》的续篇。正是因为改写《空气蛹》，天吾才真正意识到“想写一部属于自己的小说的愿望有多么强烈”（BOOK1，452 页）。当情人问他关于小说的事情时，天吾选择闭口不言。在这个能看到两个月亮的世界，已消失的《空气蛹》会经由天吾之手而以不同的故事形式获得重生。故事最后，天吾为去见青豆而要搬离公寓，此时的他要尽可能少带行李，于是天吾毫不犹豫地带走了小说手稿和软盘。即便《空气蛹》已消失，但天吾的新故事可能会重新建立起与彼岸的联系。这就好比此岸与超越性的联系会随着天吾与青豆的完满爱情而消失，却能通过牛河这类被排除的第三要素而重新复活一样。也许《1Q84》正等待天吾把《空气蛹》这个出现又消失的故事以不同的故事形式加以完结。当青豆与天吾见面后，青豆询问有关《空气蛹》的事，“你是否拿了正在写的小说原稿？”“我拿来了。”天吾一边说一边轻轻拍了拍挎包。

“千万别弄丢了！”青豆说道，“这部作品对我们太重要了。”（BOOK3，580 页）天吾答道，“放心吧，我一定好好保管。”

随后，两人又谈到了青豆即将出生的女儿及两人守护孩子的决心。青豆所言的“千万别弄丢了”以及“这部作品对我们太重要了”，不仅指天吾的小说，还暗指她与天吾的孩子，而那个未出生的孩子也同时暗指天吾尚未完成的作品。于是，整个故事在两人对孩子及作品的期许中缓缓拉上了帷幕，将无限的想象空间留给了读者。

参考文献

[1]村上春树：《为梦而醒》，文艺春秋，2010，180页

[2]村上春树：《为梦而醒》，文艺春秋，2010，158页

[3]村上春树：《为梦而醒》，文艺春秋，2010，155页

[4]村上春树：《为梦而醒》，文艺春秋，2010，155页

[5]村上春树：《为梦而醒》，文艺春秋，2010，156页

[6]村上春树：《为梦而醒》，文艺春秋，2010，51页

[7]卡尔・古斯塔夫・荣格著，亚菲编，河合隼雄等译：《荣格自传2：回忆・梦・思考》，MISUZU书房，1973，137页

[8]荣格著，河合俊雄修订译文：《红书》，创元社，2010

[9]村上春树：《为梦而醒》，93页以后

[10]村上春树：《为梦而醒》，98页

[11]卡尔・古斯塔夫・荣格著，亚菲编，河合隼雄等译：《荣格自传1：回忆・梦・思考》，MISUZU书房，1972，228页以后

[12]村上春树：《为梦而醒》，156页

[13]加藤典洋："《海边的卡夫卡》与'转喻的世界'"，载《远离教科书》，讲谈社，2004

[14]河合俊雄："对于梦境的内在探究及其极限"，载《心灵科学》154号，2010，2～9页

[15]沃夫冈·吉格利希著，河合俊雄译，"俄刻阿诺斯与血流循环"，载《关于人类灵魂与历史性荣格心理学的讨论（吉格利希论文集）1》，日本评论社，2000

[16]Giegerich, W. *Die Atombombe als seelische Wirklichkeit: Versuch über den Geist des christlichen Abendlandes*, Schweizer Spiegel Vewrlag, 1988

[17]村上春树：《为梦而醒》，25页

[18]村上春树："村上春树大型访谈"，载《思考者》No.33，新潮社，2010，21页

[19]村上春树：《为梦而醒》，63页

[20]村上春树：《为梦而醒》，113页

[21]村上春树：《且听风吟》，讲谈社文库，13页

[22]真木悠介：《关于时间的比较社会学》，岩波书店，1981，95页

[23]例如：岩宫惠子："十岁期——封藏于深绘里心中的十岁印记"，《村上春树〈1Q84〉之我见》，河出书房新社，2009，113～118页

[24]村上春树："村上春树大型访谈节目"，载《思考者》No.33，59页

[25]山中康裕："始于《风景构图分析法》"，载中井久夫著作集分卷1，《风景构图分析法》，岩崎学术出版社，1984，1～36页

[26]高石恭子："关于风景构图分析法的构图类型研究"，载山中康裕编著《风景构图分析法及其发展》，岩崎学术出版社，1996，239～264页

[27]卡尔·古斯塔夫·荣格著，亚菲编，河合隼雄等译：《荣格自传1》，56～57页

[28]河合隼雄："小学四年级学生"，载《来自"兔子洞"的信号》，MAGAZINE HOUSE，1990，200页

[29]河合隼雄：《爱哭鬼小隼》，新潮文库，194页

[30]河合隼雄：《爱哭鬼小隼》，新潮文库，212～213页

[31]河合隼雄：《爱哭鬼小隼》，新潮文库，225页

[32]村上春树：《寻羊冒险记》上，讲谈社文库，37页

[33]作田启一：《个人主义命运——现代小说与社会学》，岩波新书，1981

[34]河合隼雄：《民间故事与日本人的思维方式》第六章"另类女性"，岩波书店，1982

[35]村上春树：《寻羊冒险记》上，203页

[36]岩宫惠子：《普通孩子的青春期》，岩波书店，2009，179～180页

[37]让-弗朗索瓦·利奥塔著，小林康夫译：《后现代之条件——知识·社会·语言游戏（丛书语言之政治 1）》，水声社，1986

[38]尤尔根·哈贝马斯（Jürgen Habermas，德国哲学家著，三岛宪一编译：《现代——未完之作》，岩波现代文库，2000

[39]村上春树：《斯普特尼克恋人》，讲谈社，1999，303页

[40]村上春树：《斯普特尼克恋人》，讲谈社，1999，264～265页

[41]村上春树：《天黑以后》，讲谈社，2004，200～201页

[42]半田淳子："《三四郎》与《挪威的森林》的比较研究"，载《当村上春树遇见夏目漱石——日本的现代意识·后现代意识》，若草书房，2007

[43]Murakami, Haruki，"Introduction: The （Generally） Sweet Smell of Youth" In: Natsume Soseki. Sanshiro, Penguin Classics, 2009, p.xxuii

[44]夏目漱石：《三四郎》，岩波文库，42页

[45]半田淳子：《当村上春树遇见夏目漱石》，91页

[46]村上春树：《斯普特尼克恋人》，59页

[47]村上春树：《斯普特尼克恋人》，61页

[48]村上春树：《天黑以后》，84页

[49]克尔维特著，菅野信夫、高石恭子译：《圣娼——永远的女神》，日本评论社，1998，39页以后

[50]河合俊雄：《临床心理学理论》，岩波书店，2000，117页

[51]村上春树：《斯普特尼克恋人》，82页

[52]村上春树：《天黑以后》，3页

[53]村上春树：《挪威的森林》上，讲谈社文库，55页

[54]村上春树：《寻羊冒险记》上，241页

[55]村上春树：《海边的卡夫卡》上，新潮社，2002，158页

[56]村上春树：《奇鸟行状录》第1部，新潮文库，133页

[57]村上春树：《挪威的森林》上，241页

[58]大卫·哈维（David Harvey）著，吉原直树监译：《后现代性的条件》，青木书店，1999，82页

[59]加藤典洋："《海边的卡夫卡》与'转喻的世界'"，载《远离教科书》

[60]村上春树：《为梦而醒》，351页

[61]半田淳子：《当村上春树遇见夏目漱石》，47页

[62]村上春树：《且听风吟》，96页

[63]段义孚著，阿部一译：《私人空间的诞生》，SERIKA书房，1993

[64]村上春树：《天黑以后》，94页

[65]村上春树：《天黑以后》，192页

[66]村上春树：《奇鸟行状录》第二部，223页

[67]村上春树：《舞！舞！舞！》上，讲谈社文库，280页

[68]河合俊雄："从社交恐惧症到发育障碍——论主体性的形成"，载河合俊雄 编《针对发育障碍的心理治疗法（未来心理学选读书籍）》，创元社，2010，133～154页

[69]Giegerich, W. *Tötungen. Gewalt aus der Seele: Versuch ü ber Ursprung und Geschichte des Bewusstseins*. Frankfurt a.M., Peter Lang （1994）, p.123

[70]阿部谨也：《西方中世纪的罪与罚——亡灵的社会史》，弘文堂，1989，181页

[71]真木悠介：《时间的比较社会学》，125页

[72]村上春树：《为梦而醒》，93页

[73]中泽新一：《我的叔叔——网野善彦》，集英社新书，2004，33页

[74]Jung, C.G. "Zurgegenwärtigen Lage der Psychotherapie". In: GW 10,1934, § 367

[75]村上春树：《一九七三年的弹子球》，讲谈社文库，99页

[76]村上春树：《一九七三年的弹子球》，讲谈社文库，114页

[77]村上春树：《一九七三年的弹子球》，讲谈社文库，159页

[78]高取正男：《民俗心理》，法藏馆，高取正男著作选集三，1983，72页

[79]村上春树：《奇鸟行状录》第一部，288页

[80]荣格："关于弥散的转换象征"，村本诏司译，载《心理学与宗教（荣格选集3）》，人文书院，1989，211页

[81]阿部谨也：《刑吏社会史》，中公新书，1978，52页

[82]村上春树：《奇鸟行状录》第一部，302页

[83]村上春树：《奇鸟行状录》第二部，73页

[84]村上春树：《寻羊冒险记》上，148页

[85]Giegerich, W. *The Soul's Logical Life: Towards a Rigorous Notion of Psychology*. Frankfurt a.M., Peter Lang 1998

[86]克瑞尼著，植田兼义译：《希腊神话之英雄年代》，中公文库，350页

[87]河合俊雄：《临床心理学理论》，170页

[88]荣格著，林道义等译：《移情心理学》，MISUZU书房

[89]村上春树：《奇鸟行状录》第三部，373页

[90]W.吉格利希："救助孩子或侵占时间——具体释义"，载《思想》，岩波书店，1987，9月号，38页

[91]河合隼雄：《明惠梦生活》，京都松柏社，1987，289页

[92]村上春树：《舞！舞！舞！》上，27页

[93]村上春树：《舞！舞！舞！》上，26页

[94]村上春树：《为梦而醒》，367页

[95]村上春树：《奇鸟行状录》第二部，257页

[96]村上春树：《奇鸟行状录》第二部，334页

[97]加藤典洋：《村上春树 Yellow Page1》，幻冬舍文库，96页

[98]村上春树：《神的孩子全跳舞》，新潮文库，87页

[99]村上春树：《神的孩子全跳舞》，新潮文库，94页

[100]Miller, D. “Through a Looking-Glass: The World as Enigma.” *Eranos Year Book 1986*, Frankfurt a.M.: Insel Berlag, 1988. 363ff

[101]克瑞尼著，植田兼义译：《希腊神话之英雄时代》，中公文库，352页

[102]基拉尔著，古田幸男译：《欲望现象学：浪漫爱情的虚伪与罗马式爱情的真实》，法政大学出版局，1971，（新版，2010）

[103]作田启一：《个人主义的命运》，岩波新书，1981

[104]作田启一：《个人主义的命运》，岩波新书，1981，138页

[105]村上春树：《寻羊冒险记》上，38页

[106]村上春树：《寻羊冒险记》下，23页

[107]村上春树：《神的孩子全跳舞》，98页

[108]村上春树：《天黑以后》，3页

[109]Giegerich, W. “The End of Meaning and the Birth of Man: An Essay about the State Reached in the History of Consciousness and Analysis of C. G. Jung’s Psychology Project.” *Journal of Jungian Theory and Practice*, 6（1）. 2004, 1-65

[110]Giegerich, W. “The End of Meaning and the Birth of Man: An Essay about the State Reached in the History of Consciousness and Analysis of C. G. Jung’s Psychology Project.” *Journal of Jungian Theory and Practice*, 6（1）. 2004, 1-65.

[111]村上春树：《挪威的森林》下，262页

[112]河合隼雄、村上春树：《村上春树去见河合隼雄》，岩波书店，1996，82页

[113]村上春树：《奇鸟行状录》第一部，52页

[114]村上春树：《奇鸟行状录》第二部，257页

[115]村上春树：《奇鸟行状录》第三部，354页

[116]加藤典洋："《海边的卡夫卡》与'转喻的世界'"，载《远离教科书》

[117]阿部谨也：《刑吏社会史》，88页

[118]阿部谨也：《刑吏社会史》，89页

[119]村上春树：《斯普特尼克恋人》，23页

[120]村上春树：《斯普特尼克恋人》，24页

[121]村上春树："村上春树大型访谈"，载《思考者》No.33，21页

[122]艾伦伯格著，木村敏、中井久夫译：《发现潜意识》上，弘文堂，1980，2页

[123]阿部谨也：《刑吏社会史》，30页

[124]荣格：《自我与潜意识》，REGULUS文库，1995，101页

[125]村上春树："村上春树大型访谈"，载《思考者》No.33，66页

[126]Giegerich, W. *Die Atombombe als seelische Wirklichkeit: Versuch iiber den Geist des christlichen Abendlandes*, Schweizer Spiegel Verlag, 1988

后　记

村上春树作品最令我感兴趣的地方就是它能精准捕捉到当代意识潮流，这种想法可能与我从事心理治疗有关。由于荣格派心理分析较为重视梦境及意象的分析，因此多涉及不同于现实及常识的异世界。从当今社会的主流意识来看，荣格派心理分析可能会被界定为边缘学科或落伍学科，但同时也可能是前卫学科，这一点尤其反映在荣格心理分析与村上春树作品的高度契合上。

最能反映这一特点的就是1999年出版的《斯普特尼克恋人》。作家通过描写当今世界与“彼岸”世界及神话世界联系的缺失以及与夏目漱石的《三四郎》进行对比，巧妙再现出一个非现代意识的当代意识世界，这引起了读者的广泛共鸣。对此，我曾写过一篇名为《村上春树作品中的后现代意识》（“Postmodern consciousness in the novels of Haruki Murakami”, in Singer, T.（ed.）*The Cultural complex*, London: Routledge, pp. 90-101, 2004）（村上春树作品中的后现代意识）的论文。

然而，论文送到出版社后一直杳无音信，估计是出版的时机尚未成熟吧。之后，我也曾用英文写过关于村上春树的文章，但用日语写相关文章的机会却很少。时至去年，吉卜力工作室出版的杂志《热风》突然来邮件约稿，希望我在其杂志 3 月刊的村上春树特辑中发表一篇文章，于是我迅速着手撰写这篇《村上春树与后现代意识》的文章。同时，《新潮》杂志还委托我为当时尚未出版的《1Q84》BOOK3 撰写书评。对此，我感到十分不安。虽然《1Q84》的 BOOK1、BOOK2 让我很感兴趣，但我并未对其做过深入思考，也未形成清晰的思路。当时，我对《1Q84》的认识尚处于“一口气读完但并不知其所以然”的状态。尽管我当时接受了《新潮》的委托，但仍觉底气不足。而且，出版社还要求我必须在 BOOK3 出版数日内读完全书并写出书评，以最大限度保密相关内容。

最终我决定接受这份委托，同时感觉到这个过程与心理治疗十分相似，就像我们每次面对的不同患者以及他们在治疗中所讲述的未知梦境。我决定走一步看一步，即使前途未卜也姑且放手一搏。

我首先重新读了 BOOK1 与 BOOK2，紧接着读了刚出版不久的 BOOK3，于是一个较为清晰的思路便浮现在脑中——“世界故事与个人故事”，随后我便以此为纲写完了书评。之后，《小说 Tripper》杂志也委托我写书评，于是我又从“婚姻的四位一体性”的角度深入探讨了自己的观点。为让自己的观点更能站得住脚，我在《新潮》上连载了三期的“村上春树作品中的解离与超越”。

正是那次连载形成了本书的雏形。正如副标题所言，本书旨在通过心理治疗中的梦境分析来深入探讨村上春树作品的深意，因此我选择了《1Q84》。不过，《1Q84》毕竟不同于村上春树之前的作品，因此本书前半部以《斯普特尼克恋人》《天黑以后》为主探讨了作品中的后现代意识，而后半部则着重讨论了《1Q84》的独特性。尽管读者及评论家对《1Q84》后来的故事发展持不同态度，但我却十分认同村上春树的写法，因为它既可以理解为此岸与超越性之间的新型关系，又可以反过来理解为人们掌控现实的新方式。

为撰写此书，我几乎将所有村上春树作品都重读了一遍，同时还包括一些二次文献。谈到二次文献，除了加藤典洋先生的著作之外，与我的观点及方法论相近的人真是少之又少。由此我不免想到，后人会如何定位、评价我的观点呢？对于村上春树作品，读者会觉得正在读的那本最有趣、最让人难以割舍，这正是村上春树作品的神奇之处。因此，以《1Q84》为中心来展开研究的构想让自己吃了不少苦头。特别是我在之前完全不感兴趣的《挪威的森林》中，还有了很多新发现，这让我十分意外。另外，用自己阅读《1Q84》的视角重新阅读《奇鸟行状录》之后，也有了很多新发现。村上春树的故事世界没有终点，因此对村上春树的研究也同样没有终点。最初的构想会随着故事内容的变化而变化，但不管怎样我决定暂时搁笔。

本书能顺利完成首先要感谢《热风》杂志的平林享子女士，正是她的一封电邮而最终促成了此事。同时，还要感谢新潮社的岩宫惠子女士，她不仅帮我跟出版社取得联系，还就本书初稿提出了很好的建议。另外，还要对《新潮》的矢野优总编以及新潮社的铃木力先生、寺岛哲也先生一并表示感谢，他们在文章连载及本书出版方面给予我多方关照，尤其是铃木先生在认真读完初稿后为我提出了非常宝贵的建议。

河合俊雄

2011 年 5 月